上海市工程建设规范

混凝土结构工程施工标准

Standard for construction of concrete structures

DG/TJ 08－020－2019
J 10618－2019

主编单位:上海建工集团股份有限公司
批准部门:上海市住房和城乡建设管理委员会
施行日期:2020 年 1 月 1 日

U0347838

同济大学出版社

2020 上海

图书在版编目(CIP)数据

混凝土结构工程施工标准/上海建工集团股份有限
公司主编. --上海:同济大学出版社,2020.5
ISBN 978-7-5608-8924-5

Ⅰ.①混… Ⅱ.①上… Ⅲ.①混凝土结构－混凝土施
工－技术标准－上海 Ⅳ.①TU755-65

中国版本图书馆 CIP 数据核字(2019)第 289653 号

混凝土结构工程施工标准

上海建工集团股份有限公司　主编

策划编辑　张平官

责任编辑　朱　勇

责任校对　徐春莲

封面设计　陈益平

出版发行　同济大学出版社　　www.tongjipress.com.cn

　　　　　(地址:上海市四平路 1239 号　邮编:200092　电话:021－65985622)

经　　销　全国各地新华书店

印　　刷　浦江求真印务有限公司

开　　本　889mm×1194mm　1/32

印　　张　6.875

字　　数　185000

版　　次　2020 年 5 月第 1 版　　2020 年 5 月第 1 次印刷

书　　号　ISBN 978-7-5608-8924-5

定　　价　56.00 元

上海市住房和城乡建设管理委员会文件

沪建标定〔2019〕514 号

上海市住房和城乡建设管理委员会
关于批准《混凝土结构工程施工标准》
为上海市工程建设规范的通知

各有关单位：

由上海建工集团股份有限公司主编的《混凝土结构工程施工标准》，经审核，现批准为上海市工程建设规范，统一编号为DG/TJ 08－020－2019，自 2020 年 1 月 1 日起实施。原《混凝土结构工程施工规程》(DG/TJ 08－020－2005)同时废止。

本规范由上海市住房和城乡建设管理委员会负责管理，上海建工集团股份有限公司负责解释。

特此通知。

上海市住房和城乡建设管理委员会
二〇一九年八月二十日

前　言

　　根据上海市城乡建设和交通委员会《关于印发〈2012年上海市工程建设规范和标准设计编制计划〉的通知》（沪建交〔2012〕281号）的要求，由上海建工集团股份有限公司会同有关单位组成的编制组，对上海市工程建设规范《混凝土结构工程施工规程》DG/TJ 08－020－2005进行了全面修订。修订过程中，编制组开展了广泛的调查研究，参考国内外有关标准和规范，结合近年来混凝土结构施工工艺发展的现状与特点，在反复征求意见的基础上，修订成本标准。

　　本标准的主要内容有：总则；术语；基本规定；模板工程；钢筋工程；预应力工程；混凝土制备和运输；现浇结构工程；装配式结构工程；冬期、高温与雨期施工；安全控制；环境保护。

　　本次修订的主要内容是：第8章现浇结构工程独立成章，新增第9章装配式结构工程，第10章冬期、高温与雨期施工，第11章安全控制，第12章环境保护；第4～9章增加质量标准；第4章模板工程中增加高支模要求；第5章钢筋工程中增加高强钢筋要求等。

　　各单位及相关人员在执行本标准过程中，如有意见及建议，请反馈至上海建工集团股份有限公司（地址：上海市东大名路666号；邮编：200080；E-mail：scgbzgfs@163.com），或上海市建筑建材业市场管理总站（地址：上海市小木桥路683号；邮编：200032；E-mail：bzglk@zjw.sh.gov.cn），以供今后修订时参考。

　　主　编　单　位：上海建工集团股份有限公司
　　参　编　单　位：上海建工四建集团有限公司
　　　　　　　　　　　上海建工一建集团有限公司

上海建工七建集团有限公司

上海建工材料工程有限公司

上海建工二建集团有限公司

上海建工五建集团有限公司

主要起草人: 龚　剑　　王美华　　张　铭　　曹文根　　林　海

朱毅敏　　吴　杰　　吴德龙　　龙莉波　　葛兆源

叶　敏　　李　松　　魏永明　　王小安　　季　方

冯为民　　朱敏涛

主要审查人: 范庆国　　钟世云　　徐亚玲　　周之峰　　蔡来炳

罗玲丽

上海市建筑建材业市场管理总站

2019 年 8 月

目　次

Contents

1 总　则

1.0.1　为加强对混凝土结构工程施工过程的管理,保证工程质量,做到技术先进、安全实用、工艺合理、节约资源、保护环境,制定本标准。

1.0.2　本标准适用于上海地区建筑工程的混凝土结构施工,不适用于轻骨料混凝土及特种混凝土结构施工。

1.0.3　混凝土结构工程施工除应符合本标准外,尚应符合国家、行业及地方现行有关标准的规定。

2 术 语

2.0.1 混凝土结构 concrete structure

以混凝土为主要材料制成的结构,包括素混凝土结构、钢筋混凝土结构和预应力混凝土结构,按施工方法可分为现浇混凝土结构和装配式混凝土结构。

2.0.2 现浇混凝土结构 cast-in-situ concrete structure

在现场支模并整体浇筑而成的混凝土结构,简称现浇结构。

2.0.3 装配式混凝土结构 precast concrete structure

由预制混凝土构件或部件装配、连接而成的混凝土结构,简称装配式结构。

2.0.4 高强混凝土 high-strength concrete

强度等级为 C60 及以上的混凝土。

2.0.5 结构缝 structural joint

为避免温度胀缩、地基沉降和地震碰撞等在相邻两建筑物或建筑物两部分之间设置的伸缩缝、沉降缝和防震缝的总称。

2.0.6 施工缝 construction joint

按设计要求或施工需要分段浇筑,在先、后浇筑的混凝土之间所形成的接缝。

2.0.7 后浇带 post-cast strip

为适应环境温度变化、混凝土收缩、结构不均匀沉降等因素影响,在梁、板(包括基础底板)、墙等结构中预留的具有一定宽度且经过一定时间后再浇筑的混凝土带。

2.0.8 成型钢筋 fabricated steel bar

采用专用设备,按规定尺寸、形状预先加工成型的钢筋制品。

2.0.9 钢筋机械连接 rebar mechanical splicing

通过钢筋与连接件的机械咬合作用,将一根钢筋中的力传递至另一根钢筋的连接方法。

2.0.10 接头抗拉强度 tensile strength of splicing

接头试件在拉伸试验过程中所达到的最大拉应力值。

2.0.11 预应力筋 prestressing tendon

用于混凝土结构构件中施加预应力的钢丝和钢绞线的总称。

2.0.12 先张法 pre-tensioning

在台座或模板上先张拉预应力筋并用夹具临时锚固,浇筑混凝土达到规定强度后,放张预应力筋而建立预应力的施工方法。

2.0.13 后张法 post-tensioning

结构构件混凝土达到规定强度后,张拉预应力筋并用锚具永久锚固而建立预应力的施工方法。

2.0.14 锚具 anchorage

在后张预应力混凝土结构或构件中,为保持预应力筋的拉力并将其传递到混凝土上所用的永久性锚固装置。

2.0.15 夹具 grip

在先张法或后张法预应力混凝土结构或构件施工时,为保持预应力筋拉力的临时性锚固装置。

2.0.16 自密实混凝土 self-compacting concrete

无需外力振捣,能够在自重作用下流动并密实的混凝土。

2.0.17 混凝土受冻临界强度 critical strength in frost resistance of concrete

冬期浇筑的混凝土在受冻以前必须达到的最低强度。

2.0.18 大体积混凝土 mass concrete

混凝土结构物实体最小尺寸不小于 1m 的大体量混凝土,或预计会因混凝土中胶凝材料水化引起的温度变化和收缩而导致有害裂缝产生的混凝土。

3 基本规定

3.0.1 混凝土结构工程施工单位应具备相应的资质,并应建立相应的质量管理体系、施工质量控制和检验制度。

3.0.2 施工前应进行设计文件交底。由施工单位完成的深化设计文件应经原设计单位确认。

3.0.3 施工单位应保证施工资料真实、有效、完整。施工单位应负责施工全过程的资料编制、收集、整理和审核,并应存档、备案。

3.0.4 施工单位应编制混凝土结构工程相关施工方案,并应经过相关单位审核批准后组织实施。实施前,施工方案应进行三级交底,确定施工工艺,并应按施工方案提前落实各项准备工作。

3.0.5 混凝土结构工程施工前,施工单位应制订检测和试验计划,并应经监理(建设)单位批准后实施。监理(建设)单位应根据检测和试验计划制订见证和平行检测计划。

3.0.6 材料、半成品和成品进场时,应对其规格、型号、外观和质量证明文件进行检查,并应按现行国家标准《混凝土结构工程施工质量验收规范》GB 50204 的有关规定进行检验。

3.0.7 材料进场后,应按种类、规格、批次分开储存与堆放,并应标识明晰。储存与堆放条件不应影响材料品质。

3.0.8 对体形复杂、高度或跨度较大、地基情况复杂及施工环境条件特殊的混凝土结构工程,宜进行施工过程监测,并应根据监测结果实时调整施工控制措施。

3.0.9 混凝土结构工程施工中采用的新技术、新工艺、新材料、新设备,应按有关规定进行评审、备案。施工前,应对新的或首次采用的施工工艺进行评价,制定专项施工方案,并应经监理单位核准;应对施工作业人员进行专项培训或交底。

3.0.10 混凝土结构工程各工序施工应经检查合格后进行。

3.0.11 在混凝土结构工程施工过程中,应进行自检、互检和交接检,其质量不应低于现行国家标准《混凝土结构工程施工质量验收规范》GB 50204的有关规定。对检查中发现的质量问题,应按规定程序进行处理。

3.0.12 在混凝土结构工程施工过程中,对隐蔽工程应进行验收,对重要工序和关键部位应进行质量检查或测试,并应填写验收书面记录,同时宜留存图像资料。混凝土试件的抽样方法、地点、数量,养护条件及试验龄期应符合现行国家标准《混凝土结构工程施工质量验收规范》GB 50204、《混凝土强度检验评定标准》GB/T 50107的有关规定;混凝土试件的制作要求、试验方法应符合现行国家标准《普通混凝土力学性能试验方法标准》GB/T 50081的有关规定。

3.0.13 钢筋、预应力筋等试件的抽样方法、抽样数量、制作要求和试验方法应符合现行国家标准《混凝土结构工程施工规范》GB 50666的有关规定。

3.0.14 混凝土结构工程施工中的安全措施、劳动保护、防火要求等,应符合现行国家标准《混凝土结构工程施工规范》GB 50666的有关规定。

3.0.15 混凝土结构工程的产品应采取有效的保护措施。

4 模板工程

4.1 一般规定

4.1.1 模板工程施工前,应根据施工图、施工设备和材料供应等现场条件,编制模板工程专项施工方案。

4.1.2 模板及其支架在满足受力要求的前提下,应构造简单、装拆灵活、安全和质量状态明确、便于钢筋的绑扎和安装,并应符合混凝土的浇筑及养护等工艺要求。

4.1.3 模板及其支架应具有足够的承载力和刚度要求,能承受浇筑混凝土的重量、侧压力以及施工荷载。模板及其支架应保证结构和构件各部分形状、尺寸和相互位置的正确。

4.1.4 模板及其支架搭设前,工程项目技术负责人或方案编制人员应根据专项施工方案、相关现行标准规范的要求对施工人员进行安全技术交底。

4.1.5 安全技术交底应包括模板支撑方案、工序、施工工艺、施工部位、作业要点、搭设技术参数、搭设安全技术要求等内容,并应保留由相关人员书面确认的记录。

4.1.6 模板及其支架的材料应进行验收、抽检和检测;模板及其支架搭设前,施工单位和监理单位相关人员应对需要处理或加固的地基基础进行验收;在浇筑混凝土之前,施工单位和监理单位相关人员应对模板工程进行验收。

4.1.7 搭设高大模板及其支架的作业人员应经过培训,并取得建筑施工脚手架特种作业操作资格证书。其他工种施工人员应掌握相应的专业知识和技能。

4.1.8 作业人员进行模板及其支架搭设及拆除时,应按现行行业标准《建筑施工扣件式钢管脚手架安全技术规范》JGJ 130 和专项施工方案和安全技术交底书的要求进行操作,并应正确佩戴相应的劳动防护用品。

4.1.9 模板及其支架拆除应按先拆除后搭设的模板,后拆除先搭设的模板,先拆除非承重部分结构的模板,后拆除承重部分结构的模板的顺序施工。

4.1.10 模板运输、存放过程中,应采取措施防止其变形、受损。存放模板的场地应坚实、平整、无积水。

4.1.11 浇筑过程应有专人对模板及其支架进行观测,发现有松动、变形等情况,必须立即停止浇筑,撤离作业人员,并应采取相应的加固措施。

4.1.12 装拆模板时,应对模板及其支架进行监护。

4.2 材料要求

4.2.1 模板及支架宜选用轻质、高强、耐用的材料。连接件宜选用标准定型产品。模板及支架材料的技术指标除应符合现行行业标准《建筑施工模板安全技术规范》JGJ 162 的规定外,还应符合下列规定:

    1 木材应选用质地坚硬、无腐朽的松木和杉木等,且不宜低于三等材,含水率应低于 25%。不得采用脆性、严重扭曲和受潮后容易变形的木材。

    2 竹(木)胶合板应边角整齐、表面光滑、防水、耐磨、耐酸碱,不得有脱胶空鼓。不得选用以尿醛树脂胶作为胶合材料的胶合板。

    3 聚苯乙烯模板的密度不应小于 $24kg/m^3$,体积吸水率不应大于 3.5%,导热系数不应大于 $0.045W/(m \cdot K)$,燃烧性能不应低于 B1 级。

    4 铝合金模板型材表面应清洁、无裂纹或腐蚀斑点。型材表面起皮、气泡、表面粗糙或局部机械损伤的深度不得超过所在部位壁厚公称尺寸 8%，缺陷总面积不得超过型材表面积的 5%，型材上需加工的部位其缺陷深度不得超过加工余量。

5 模板所用钢材应有出厂合格证，并应按现行行业标准《建筑施工模板安全技术规范》JGJ 162 进行验收。

6 模板在规定荷载作用下的刚度和强度应符合现行国家标准《组合钢模板技术规范》GB/T 50214 的规定。

7 组合钢模板成品应进行质量检验，其质量标准应符合现行国家标准《组合钢模板技术规范》GB/T 50214 的规定。

4.2.2 接触混凝土的模板表面应平整，并应具有良好的耐磨性和硬度；清水混凝土模板的面板材料应能保证脱模后所需的饰面效果。

4.2.3 脱模剂应能减小混凝土与模板间的吸附力，并应有成膜强度。

4.2.4 施工单位应对进场的承重杆件、连接件等材料的产品合格证、生产许可证、检测报告进行复核，并应对其外观质量进行检查，对重量等物理指标进行抽检。

4.3 模板设计

4.3.1 模板设计应包括选型、选材、荷载计算、结构设计和模板施工图设计。模板选型、选材和构造应根据工程的结构形式、荷载大小、地基土类别、施工设备和材料供应等条件进行确定。

4.3.2 模板及支架设计应包括下列内容：

1 模板及支架的选型及构造设计。

2 模板及支架上的荷载及其效应计算。

3 模板及支架的承载力、刚度验算。

4 模板及支架的抗倾覆验算。

5 支架的地基承载力验算。

6 绘制模板及支架施工图。

4.3.3 模板及支架的设计应符合下列规定：

1 模板及支架的结构设计宜采用以分项系数表达的极限状态设计方法。

2 模板及支架的结构分析中所采用的计算假定和分析模型，应有理论或试验依据，或经工程验证可行。

3 模板及支架应根据施工过程中各种受力工况进行结构分析，并应确定其最不利的效应组合。

4 承载力计算应采用荷载基本组合，变形验算可仅采用永久荷载标准值。各项荷载的标准值可按本标准附录 A 确定。

4.3.4 模板及支架结构构件应按短暂设计状况进行承载力计算。承载力计算应符合下式要求：

$$\gamma_0 S \leqslant \frac{R}{\gamma_R} \qquad (4.3.4)$$

式中：γ_0——结构重要性系数。对重要的模板及支架宜取 $\gamma_0 \geqslant 1.0$；对于一般的模板及支架应取 $\gamma_0 \geqslant 0.9$。

S——荷载基本组合的效应设计值，可按本标准第 4.3.6 条的规定进行计算。

R——模板及支架结构构件的承载力设计值，应按现行国家标准《建筑结构荷载规范》GB 50009 的规定进行计算。

γ_R——承载力设计值调整系数，应根据模板及支架重复使用情况取用，不应小于 1.0。

4.3.5 模板及支架的荷载基本组合的效应设计值，可按下式计算：

$$S = 1.35\alpha \sum_{i=1}^{n} S_{G_{ik}} + 1.4\psi_{ci} \sum_{i=1}^{n} S_{Q_{jk}} \qquad (4.3.5)$$

式中：$S_{G_{ik}}$——第 i 个永久荷载标准值产生的效应值。

$S_{G_{jk}}$——第 j 个可变荷载标准值产生的效应值。

α——模板及支架的类型系数:对侧面模板,取 0.9;对底面模板及支架,取 1.0。

ψ_{ci}——第 i 个可变荷载的组合值系数,宜取 $\psi_{ci} \geqslant 0.9$。

4.3.6 模板及支架承载力计算的各项荷载可按表 4.3.6 确定,并应采用最不利的荷载基本组合进行设计。参与组合的永久荷载应包括模板及支架自重(G_1)、新浇筑混凝土自重(G_2)、钢筋自重(G_3)及新浇筑混凝土对模板的侧压力(G_4)等;参与组合的可变荷载宜包括施工人员及施工设备产生的荷载(Q_1)、混凝土下料产生的水平荷载(Q_2)、泵送混凝土或不均匀堆载等因素产生的附加水平荷载(Q_3)及风荷载(Q_4)等。

表 4.3.6　参与模板及支架承载力计算的各项荷载

计算内容		参与荷载项
模板	底模板的承载力	$G_1 + G_2 + G_3 + Q_1$
	侧模板的承载力	$G_4 + Q_2$
支架	支架水平杆及节点的承载力	$G_1 + G_2 + G_3 + Q_1$
	立杆的承载力	$G_1 + G_2 + G_3 + Q_1 + Q_4$
	支架结构的整体稳定	$G_1 + G_2 + G_3 + Q_1 + Q_3$ $G_1 + G_2 + G_3 + Q_1 + Q_4$

注:表中的"+"表示各项荷载组合,而不表示代数相加。

4.3.7 模板及支架的变形验算应符合下列规定:

$$\alpha_{fG} \leqslant \alpha_{f,lim} \qquad (4.3.7)$$

式中:α_{fG}——按永久荷载标准值计算的构件变形值;

$\alpha_{f,lim}$——构件变形限值,按本标准第 4.3.8 条的规定确定。

4.3.8 模板及支架的变形限值应根据结构工程要求确定,并应符合下列规定:

1 对结构表面外露的模板,其挠度限值宜取为模板构件计算跨度的 1/400。

2 对结构表面隐蔽的模板,其挠度限值宜取为模板构件计算跨度的 1/250。

    3 支架的轴向压缩变形限值或侧向挠度限值,宜取为计算高度或计算跨度的 1/1000。

4.3.9 模板支架的高宽比不宜大于 3;当高宽比大于 3 时,应有加强整体稳固性的措施。

4.3.10 模板支架应按混凝土浇筑前和混凝土浇筑时两种工况进行抗倾覆验算。支架的抗倾覆验算应符合下式要求:

$$\gamma_0 M_0 \leqslant M_r \qquad (4.3.10)$$

式中:M_0——支架的倾覆力矩设计值,按荷载基本组合计算,其中永久荷载的分项系数取 1.35,可变荷载的分项系数取 1.4;

     M_r——支架的抗倾覆力矩设计值,按荷载基本组合计算,其中永久荷载的分项系数取 0.9,可变荷载的分项系数取 0。

4.3.11 支架结构中钢构件的长细比不应超过表 4.3.11 规定的容许值。

表 4.3.11 支架结构中钢构件的容许长细比

构件类别	容许长细比
受压构件的支架立柱及桁架	180
受压构件的斜撑、剪刀撑	200
受拉构件的钢杆件	350

4.3.12 多层楼板连续支模时,应分析多层楼板间荷载传递对支架和楼板结构的影响。

4.3.13 支架立柱或竖向模板支承在土层上时,应按现行国家标准《建筑地基基础设计规范》GB 50007 的规定对土层进行验算;支架立柱或竖向模板支承在混凝土结构构件上时,应按现行国家标准《混凝土结构设计规范》GB 50010 的规定对混凝土结构构件进行验算。

4.3.14 采用钢管和扣件搭设的支架设计时,应符合下列规定:

1 钢管和扣件搭设的支架宜采用中心传力方式。

2 单根立杆的轴力标准值不宜大于 12kN,高大模板支架单根立杆的轴力标准值不宜大于 10kN。

3 立杆顶部承受水平杆扣件传递的竖向荷载时,立杆应按不小于 50mm 的偏心距进行承载力验算,高大模板支架的立杆应按不小于 100mm 的偏心距进行承载力验算。

4 支承模板的顶部水平杆可按受弯构件进行承载力验算。

5 扣件抗滑移承载力验算可按现行行业标准《建筑施工扣件式钢管脚手架安全技术规范》JGJ 130 的规定执行。

4.3.15 采用盘扣式、盘销式、碗扣式以及门式等钢管架搭设的支架,应采用支架立柱杆端插入可调托座的中心传力方式,其承载力及刚度可按国家现行有关标准的规定进行验算。

4.3.16 模板施工图设计应符合下列规定:

1 模板排列图、剖面图、节点图中应标明对拉螺栓、围檩、格栅、模板连接件等的布置及规格。

2 模板支架应根据其承受的结构荷载情况进行设计,并应绘制包含立杆、剪刀撑等支架布置平面图、剖面图。

4.4 制作与安装

4.4.1 模板应按配模图加工及拼装,墙、柱与梁、板同时施工时,应先安装墙、柱模板,调整固定后,再安装梁、板模板。

4.4.2 模板安装应与钢筋安装配合进行,梁柱节点的模板宜在钢筋验收后安装。

4.4.3 通用性强的模板宜制作成定型模板。

4.4.4 竖向结构模板的支承面应找平。

4.4.5 当梁板跨度不小于 4m 时,模板应按设计要求起拱;如设计无要求,起拱高度宜为跨度的 1/1000～3/1000,且起拱不得减少构件的截面高度。

4.4.6 模板拼缝应严密、不漏浆;模板配件安装不得遗漏。

4.4.7 模板与混凝土的接触面应清理干净,并应涂刷对结构性能或装饰层结合面无影响的脱模剂。

4.4.8 有防水要求的墙体,其模板对拉螺栓中部应设止水片,止水片应与对拉螺栓环焊。

4.4.9 后浇带的模板及支架应独立设置。

4.4.10 大模板应按编号和规定的程序安装。吊装方式应由模板的形状和大小确定,异形模板宜采用专用吊具吊装。模板吊装前应进行试吊,吊装过程中严禁模板面与坚硬物体摩擦、碰撞,并应保证模板在安装过程中的稳定。

4.4.11 模板支架安装应符合下列规定:

1 模板的支架系统必须按施工方案布置。

2 支架立柱布置应上下对齐、纵横一致,支架的纵横间距应根据施工方案确定,支架在高度方向所设的水平撑与剪刀撑应按构造与稳定性要求布置;模板支架的构造应按现行行业标准《建筑施工扣件式钢管脚手架安全技术规范》JGJ 130 的有关规定执行。

3 安装模板时,应进行测量放线,并应采取保证模板位置准确的定位措施。

4 支架的基底为素土面时,应根据上部荷载,通过计算确定地基处理的要求;经处理的地基应满足承载及沉降控制的要求,应用通长垫板扩大承载面积以防止下沉,并应设置排水措施。

5 多层及高层建筑中,应采取分层分段支模的方法。安装上层模板及其支架时,下层楼板应具有承受上层荷载的承载能力,当承载力不符合要求时,应加设顶撑等加固措施;上层模板支架的立柱宜对准下层模板支架的立柱,并铺设垫板。

6 采用悬吊模板、桁架支模方式时,其支撑结构的承载能力和刚度应符合要求。

4.4.12 预制构件模板安装应符合下列规定：

1 现场预制构件模板应根据方案,严格按构件布置图布置。

2 侧模上下口应有围檩,上口应用斜撑固定,当设计计算需要时,可加钢夹具紧固。

3 构件的几何尺寸、牛腿标高、预埋件等应安装准确。

4.4.13 采用扣件式钢管作模板支架时,支架搭设应符合下列规定：

1 模板支架搭设所采用的钢管、扣件规格,应符合设计要求;立杆纵距、立杆横距、支架步距以及构造要求,应符合专项施工方案的要求。

2 立杆纵距、立杆横距不应大于 1.2m,支架步距不应大于 1.8m;立杆纵向和横向应设置扫地杆,纵向扫地杆距立杆底部不应大于 200mm,横向扫地杆宜设置在纵向扫地杆的下方;立杆底部宜设置底座或垫板。

3 立杆接长除顶层步距可采用搭接外,其余各层步距接头应采用对接扣件连接,两根相邻立杆的接头不应设置在同一步距内。

4 模板支架水平杆应双向设置,水平杆与立杆的交错点应采用扣件连接,双向水平杆与立杆的连接扣件之间的距离不应大于 150mm。

5 支架周边应连续设置竖向剪刀撑。支架长度或宽度大于 6m 时,应设置中部纵向或横向的竖向剪刀撑,剪刀撑的间距和单幅剪刀撑的宽度均不应大于 6m,剪刀撑与水平杆的夹角宜为 45°~60°;支架高度大于 5m 时,支架顶部应设置一道水平剪刀撑,剪刀撑应延伸至周边。

6 立杆、水平杆、剪刀撑的搭接长度,不应小于 0.8m,且不应少于 2 个扣件连接,扣件盖板边缘至杆端不应小于 100mm。

7 扣件螺栓的拧紧力矩不应小于 40N·m,且不应大于 65N·m。

8 支架立杆搭设的垂直偏差允许值不宜大于架体搭设高度

的 1/200。

4.4.14 采用碗扣式、盘扣式或盘销式钢管架作模板支架时,支架搭设应符合下列规定:

1 碗扣架、盘扣架或承插架的水平杆与立柱的扣接应牢靠,不应滑脱。

2 立杆的上、下层水平杆间距不应大于 1.8m。

3 插入立杆顶端可调托座伸出顶层水平杆的悬臂长度不应大于 650mm,螺杆插入钢管的长度不应小于 150mm,螺杆与钢管内径的间隙不应大于 6mm。架体最顶层的水平杆步距应比标准步距缩小一个节点间距。

4 应按现行行业标准《建筑施工扣件式钢管脚手架安全技术规范》JGJ 130 的规定设置的竖向和水平斜撑。

4.4.15 采用门式钢管架搭设模板支架时,应符合现行行业标准《建筑施工门式钢管脚手架安全技术标准》JGJ/T 128 的规定。当支架高度较大或荷载较大时,主立杆钢管直径不宜小于 48mm,并应设水平加强杆。

4.4.16 支架立杆间应设置专用斜杆或扣件钢管斜撑加强模板支架,钢管支架的竖向斜撑应与支架同步搭设,支架应与成型的混凝土结构拉结,并应符合国家现行有关钢管脚手架标准的规定。

4.4.17 后浇带、施工缝的模板应按设计要求及施工方案执行。

4.4.18 模板安装、使用与检查应符合下列规定:

1 模板、钢筋及其他材料等施工荷载应均匀堆置,放平放稳。施工总荷载不得超过模板支撑系统设计荷载要求。

2 模板支架系统在使用过程中,立杆底部不得松动悬空,不得任意拆除任何杆件,不得松动扣件,也不得用作缆风绳的拉接。

4.5 高支模工程

4.5.1 高大模板及其支架应优先选用技术成熟的定型化、工具式支撑体系。

4.5.2 当支架高度不小于 5m，且高宽比不小于 2 时，应有加强整体稳固性措施，支撑系统的设计应进行支架整体稳定计算和抗倾覆计算。

4.5.3 支撑高度大于 5m 的构造应符合下列规定：

  1 钢管扣件式垂直支撑系统应符合下列要求：

    1） 承载支撑系统的平面与浇筑平面构件之间的最大支撑高度不宜大于 30m；

    2） 应按浇筑平面构件和模板工程支撑系统全部的永久荷载、可变荷载及支撑系统各层纵横向水平杆之间的高度，通过计算确定立杆的纵横向间距。

  2 支架应设置水平加强层，并应符合下列规定：

    1） 当支撑高度不大于 20m，且上部的施工总荷载不大于 $15kN/m^2$ 时，至少每 3 步应设置 1 个水平加强层；

    2） 当支撑高度不大于 20m，且上部的施工总荷载大于 $15kN/m^2$ 时，至少每 2 步应设置 1 个水平加强层；

    3） 当支撑高度大于 20m，不大于 30m，且上部的施工总荷载小于 $10kN/m^2$ 时，至少每 3 步应设置 1 个水平加强层；

    4） 当支撑高度大于 20m、不大于 30m，且上部的施工总荷载大于 $10kN/m^2$ 时，至少每 2 步应设置 1 个水平加强层。

  3 双立杆应符合下列构造要求：

    1） 每步高度内相邻立杆的接头应错开设置；

    2） 立杆的接头至主节点的距离不应大于步距的 1/3；

    3） 立杆接头应采用对接扣件，且上、下应各加 1 个旋转扣件。

4 梁底支撑立杆的顺梁方向应与周边板下立杆成模数设置,并通过水平杆与相邻支撑立杆连成整体。

5 当整体稳定或抗倾覆不满足本标准第 4.3.10、4.3.11 条要求时,应按设计要求在支架四周设置连墙件或抛撑等构造措施。

4.5.4 采用扣件式钢管作高大模板支架时,支架搭设除应符合本标准第 4.4.13 条的规定外,尚应符合下列规定:

1 宜在支架立杆顶端插入可调托座,可调托座螺杆外径不应小于 36mm,螺杆插入钢管的长度不应小于 150mm,螺杆伸出钢管的长度不应大于 300mm,可调托座伸出顶层水平杆的悬臂长度不应大于 650mm。

2 立杆顶层步距内采用搭接时,搭接长度不应小于 1m,且不应少于 3 个扣件连接。

3 应根据周边结构的情况,采取与结构连接的措施加强支架整体稳固性。

4.6 拆除与维护

4.6.1 现浇结构的模板及其支架拆除时,混凝土强度应符合设计要求,当设计无具体要求时,应符合下列规定:

1 侧模拆除时的混凝土强度,应能保证其表面及棱角不受损伤。

2 底模及支架拆除时的混凝土强度应符合表 4.6.1 的规定。

表 4.6.1 底模及支架拆除时的混凝土强度要求

构件类型	构件跨度(m)	达到设计的混凝土立方体 抗压强度标准值的百分率(%)
板	≤2	≥50
	>2,≤8	≥75
	>8	≥100
梁、拱、壳	≤8	≥75
	>8	≥100
悬臂构件	—	≥100

4.6.2 预制构件模板拆除时的混凝土强度应符合设计要求,当设计无具体要求时,应符合下列规定:

1 侧模拆除时的混凝土强度,应能够保证构件不变形、棱角完整不受损伤。

2 芯模和预留孔洞内模拆除时的混凝土强度,应保证构件和孔洞表面不发生坍陷和裂缝。

3 当构件跨度不大于 4m 时,应在混凝土强度符合设计混凝土强度标准值的 50% 的要求后进行底模拆除;当构件跨度大于 4m 时,应在混凝土强度符合设计的混凝土强度标准值的 75% 的要求后进行底模拆除。

4.6.3 模板施工方案中应明确支架的拆除时间和顺序,复杂的模板拆除,应专门制定拆模方案。

4.6.4 多、高层建筑水平结构底模及其支架的拆除时间,应考虑上层支架及结构传至该楼层的荷载和该层混凝土的实际强度,并应根据现行国家标准《混凝土结构设计规范》GB 50010 的规定验算确定。

4.6.5 快拆支架体系的支架立杆间距不应大于 2m。拆模时,应保留立杆并顶托支承楼板,拆模时的混凝土强度不得小于设计的混凝土抗压强度标准值的 50%。

4.6.6 后张法预应力结构构件,侧模宜在预应力张拉前拆除;当设计无具体要求时,底模及支架的拆除应在结构构件建立预应力之后进行。

4.6.7 后浇带部位模板及支架的拆除应按设计要求及施工方案执行。

4.6.8 混凝土未达到设计强度但局部区域需先行拆模时,应经设计确认结构满足早拆模要求;早拆的模板及其支架应与保留的支撑立杆分离,并应能明确区分;保留的支撑立杆应能保证其自身的稳定。

4.6.9 拆除模板时不应乱敲硬撬,不得用力过猛,不得损伤混凝土。高处模板拆除后,不得抛掷,不应对楼层形成冲击荷载,应保护模板。

4.6.10 拆除的模板和支架宜分散堆放,并应及时清运,不应集中堆放在楼层上。应将模板清理干净,并应在板面上涂刷隔离剂,分类堆放整齐。

4.6.11 已拆除模板及其支架的结构,应在混凝土强度符合设计混凝土强度等级的要求后,才能承受全部使用荷载;当施工所产生的荷载效应比使用荷载的效应更为不利时,应进行核算,并根据核算结果按需加设临时支撑。

4.7 质量标准

4.7.1 模板、支架杆件和连接件的进场检查,应符合下列规定:

1 模板表面应平整,胶合板的胶合层不应脱胶翘角,支架杆件应平直、无严重变形和锈蚀,连接件应无严重变形、锈蚀,并不应有裂纹。

2 模板的规格和尺寸,支架杆件的直径和壁厚,以及连接件的质量,应符合设计要求。

3 施工现场组装的模板,其组成部分的外观和尺寸,应符合设计要求。

4 应在进场时和周转使用前全数检查外观质量。

4.7.2 固定在模板上的预埋件、预留孔和预留洞,应检查其数量和尺寸。

4.7.3 采用扣件式钢管作模板支架时,质量检查应符合下列规定:

1 梁下支架立杆间距的偏差不宜大于 50mm,板下支架立杆间距的偏差不宜大于 100mm,水平杆间距的偏差不宜大于 50mm。

2 应检查支架顶部承受模板荷载的水平杆与支架立杆连接的扣件数量,采用双扣件构造设置的抗滑移扣件,其上下应顶紧,间隙不应大于 2mm。

3 支架每步双向水平杆应与立杆扣接,不得缺失。

4 满足下列情况之一时,梁底水平杆与立杆连接扣件螺栓拧紧扭力矩应全数检查:

1)高度超过 8m;

2)跨度超过 18m;

3)施工总荷载大于 $10kN/m^2$;

4)集中线荷载大于 15kN/m;

5)设计计算采用双扣件方式。

4.7.4 采用碗扣式、盘扣式或承插式钢管架作模板支架时,质量检查应符合下列规定:

1 模板支架可调托座伸出顶层水平杆的悬臂长度严禁超过 500mm,且丝牙外露长度严禁超过 300mm,可调托座插入立杆长度不得小于 150mm。

2 水平杆杆端与立杆连接的碗扣、插接和盘销不应松脱。

4.7.5 承重杆件的外观抽检数量不得低于搭设用量的 30%,当抽检出现质量不符合标准情况且数量较大或质量偏差较严重的,宜对承重杆件进行 100% 的检验或将本批次杆件退场,并宜在监理见证下随机抽取外观检验不合格的材料,取样后,送专业检测机构进行检测。

4.7.6 固定在模板上的预埋件和预留孔洞均不得遗漏,安装必须牢固、位置准确,其允许偏差应符合表 4.7.6 的规定。

表 4.7.6　预埋件和预留孔洞的允许偏差

项　目		允许偏差(mm)
预埋钢板中心线位置		3
预埋管、预留孔中线位置		3
预埋螺栓	中心线位置	2
	外露长度	+10,0
预留洞	中心线位置	10
	尺寸	+10,0

4.7.7 现浇结构模板安装的允许偏差应符合表 4.7.7 的规定。

表 4.7.7　现浇结构模板安装的允许偏差

项　目		允许偏差(mm)
轴线位置		5
底模上表面标高		±5
截面内部尺寸	基础	±10
	柱、墙、梁	+4,−5
层高垂直度	≤5m	6
	>5m	8
相邻两板表面高低差		2
表面平整(2m 长度)		5

4.7.8 预制构件模板安装的允许偏差应符合表 4.7.8 的规定。

表 4.7.8 预制构件模板安装的允许偏差

项目		允许偏差(mm)
长度	板、梁	±4
	薄腹梁、桁架	±8
	柱	0,-10
	墙板	0,-5
宽度	板、墙板	0,-5
	梁、薄腹梁、桁架、柱	+2,-5
高(厚)度	板	+2,-3
	墙板	0,-5
	梁、薄腹梁、桁架、柱	+2,-5
侧向弯曲	梁、板、柱	$l/1\,000$ 且$\leqslant 15$
	墙板、薄腹梁、桁架	$l/1\,500$ 且$\leqslant 15$
板的表面平整度		3
相邻两板表面高低差		1
对角线差	板	7
	墙板	5
翘曲	板、墙板	$l/1\,500$
设计起拱	薄腹梁、桁架、梁	±3

注:l 为构件长度(mm)。

5 钢筋工程

5.1 一般规定

5.1.1 钢筋工程宜采用专业化生产的成型钢筋。

5.1.2 钢筋连接方式应根据设计要求和施工条件选用。

5.1.3 进场后的钢筋应分规格堆放整齐,避免锈蚀和油污,并应分类标识。施工过程中应采取防止钢筋混淆、锈蚀及损伤的措施。

5.1.4 钢筋的品种、级别、规格、数量和位置应符合设计要求。当钢筋的品种、级别、规格、数量或位置需作变更时,应办理设计变更文件,并应符合下列规定:

 1 不同种类钢筋的代换,应按钢筋受拉承载力设计值相等的原则进行。

 2 当构件受抗裂、裂缝宽度或挠度控制时,钢筋代换后应进行抗裂、裂缝宽度或挠度验算。

 3 钢筋代换后应满足混凝土结构设计规范中所规定的钢筋间距、锚固长度、最小钢筋直径、根数等要求。

 4 对重要受力构件,不宜采用光面钢筋代换变形(带肋)钢筋。

 5 梁的纵向受力钢筋与弯起钢筋应分别进行代换。

 6 偏心受力构件应按受拉钢筋或受压钢筋分别代换。

 7 对有抗震要求的框架,不宜以强度等级较高的钢筋代替原设计中的钢筋;当必须代换时,其代换的钢筋检验所得的实际强度,尚应符合本标准第5.2.2条的要求。

5.1.5 钢筋工程施工前应编制钢筋配料单,配料单应明确钢筋连接形式、钢筋安装要求。

5.2 材 料

5.2.1 钢筋的性能应符合现行国家标准《混凝土结构设计规范》GB 50010 的有关规定。常用钢筋的规格和力学性能,应符合本标准附录 B 的规定。

5.2.2 对有抗震设防要求的结构,其纵向受力钢筋的性能应满足设计要求;当设计无具体要求时,对按一、二、三级抗震等级设计的框架和斜撑构件(含梯段)中的纵向受力普通钢筋应采用HRB335E、HRB400E、HRB500E、HRBF335E、HRBF400E 或HRBF500E 钢筋,其强度和最大力下总伸长率的实测值,应符合下列规定:

1 钢筋的抗拉强度实测值与屈服强度实测值的比值不应小于 1.25。

2 钢筋的屈服强度实测值与屈服强度标准值的比值不应大于 1.30。

3 钢筋的最大力下总伸长率不应小于 9%。

5.2.3 钢筋应有产品合格证和出厂检验报告,钢筋表面或每捆(盘)钢筋均应有标志。进场时应按炉罐(批)号及直径分批检验。检验内容应包括查对标志、外观检查,并应按现行标准的规定抽取试样作力学性能试验,其质量应符合有关标准的规定,合格后再使用。

5.2.4 钢筋在加工过程中,发现脆断、焊接性能不良或力学性能显著不正常等现象时,应根据有关现行标准对该批钢筋进行化学成分检验或其他专项检验。

5.3 钢筋加工

5.3.1 钢筋加工前应将表面清理干净。不得使用表面有颗粒状、片状老锈或有损伤的钢筋。钢筋应平直,无局部曲折。

5.3.2 钢筋宜采用机械设备进行调直,也可采用冷拉方法调直。当采用机械设备调直时,调直设备不应具有延伸功能。当采用冷拉方法调直时,HPB300光圆钢筋的冷拉率不宜大于 4‰;HRB335、HRB400、HRB500、HRBF335、HRBF400、HRBF500 及 RRB400带肋钢筋的冷拉率不宜大于1‰。钢筋调直过程中不应损伤带肋钢筋的横肋。调直后的钢筋应平直,不应有局部弯折。

5.3.3 钢筋加工宜在常温状态下进行,加工过程中不应对钢筋进行加热。钢筋应一次弯折到位。

5.3.4 纵向受力钢筋的弯折后平直段长度应符合设计要求及现行国家标准《混凝土结构设计规范》GB 50010 的有关规定。

5.3.5 光圆钢筋末端作180°弯钩时,弯钩的弯折后平直段长度不应小于钢筋直径的3倍。

5.3.6 钢筋弯折的弯弧内直径应符合下列规定:

　　1 光圆钢筋,不应小于钢筋直径的2.5倍。

　　2 335MPa级、400MPa级带肋钢筋,不应小于钢筋直径的4倍。

　　3 500MPa级带肋钢筋,当直径为28mm以下时不应小于钢筋直径的6倍,当直径为28mm及以上时不应小于钢筋直径的7倍。

　　4 位于框架结构顶层端节点处的梁上部纵向钢筋和柱外侧纵向钢筋,在节点角部弯折处,当钢筋直径为28mm以下时不宜小于钢筋直径的12倍,当钢筋直径为28mm及以上时不宜小于钢筋直径的16倍;箍筋弯折处尚不应小于纵向受力钢筋直径;箍筋弯折处纵向受力钢筋为搭接钢筋或并筋时,应按钢筋实际排布情况确定箍筋弯弧内直径。

    5 CRB600H 高延冷轧带肋钢筋末端可不制作弯钩。当钢筋末端需制作 90°或 135°弯折时,钢筋的弯弧内直径不应小于钢筋直径的 5 倍。

5.3.7 箍筋、拉筋的末端应按设计要求作弯钩,并应符合下列规定:

    1 对一般结构构件,箍筋弯钩的弯折角度不应小于 90°,弯折后平直段长度不应小于箍筋直径的 5 倍;对有抗震设防要求或设计有专门要求的结构构件,箍筋弯钩的弯折角度不应小于135°,弯折后平直段长度不应小于箍筋直径的 10 倍和 75mm 二者之中的较大值。

    2 圆形箍筋的搭接长度不应小于其受拉锚固长度,且两末端均应作不小于 135°的弯钩,弯折后平直段长度对一般结构构件不应小于箍筋直径的 5 倍,对有抗震设防要求的结构构件不应小于箍筋直径的 10 倍和 75mm 的较大值。

    3 拉筋用作梁、柱复合箍筋中单肢箍筋或梁腰筋间拉结筋时,两端弯钩的弯折角度均不应小于 135°,弯折后平直段长度应符合本条第 1 款对箍筋的有关规定;拉筋用作剪力墙、楼板等构件中拉结筋时,两端弯钩可采用一端 135°、另一端 90°,弯折后平直段长度不应小于拉筋直径的 5 倍。

5.3.8 焊接封闭箍筋宜采用闪光对焊,也可采用气压焊或单面搭接焊,并宜采用专用设备进行焊接。焊接封闭箍筋下料长度和端头加工应按焊接工艺确定。焊接封闭箍筋的焊点设置,应符合下列规定:

    1 每个箍筋的焊点数量应为 1 个,焊点宜位于多边形箍筋中的某边中部,且距箍筋弯折处的位置不宜小于 100mm。

    2 矩形柱箍筋焊点宜设在柱短边,等边多边形柱箍筋焊点可设在任一边;不等边多边形柱箍筋焊点应位于不同边上。

    3 梁箍筋焊点应设置在顶边或底边。

5.3.9 当钢筋采用机械锚固措施时,钢筋锚固端的加工应符合国家现行相关标准的规定。采用钢筋锚固板时,应符合现行行业标准《钢筋锚固板应用技术规程》JGJ 256 的有关规定。

5.4 工厂预制加工

5.4.1 钢筋成品制作设备应符合有关标准规定和工艺要求,运行可靠,维护良好。钢筋成品制作时宜配置有助于生产和质量控制的设施和机具。

5.4.2 钢筋成品(骨架)中钢筋、钢筋半成品、配件和埋件的品种、规格、数量、质量等应符合有关标准规定和设计文件要求。

5.4.3 钢筋成品(骨架)中钢筋、钢筋半成品、配件和埋件等位置、钢筋接头位置、同截面上钢筋接头面积、绑扎(焊接)质量和钢筋成品(骨架)的尺寸等应符合有关标准规定和设计文件要求。

5.4.4 加工企业应记录并保存钢筋成品(骨架)、配件和埋件的质量检测和检查资料。

5.4.5 钢筋下料时,应采用砂轮锯或切断机等机械方法切断,不得采用电弧切割。

5.4.6 钢筋吊装时,应对钢筋成品(骨架)的吊点进行安全计算。

5.4.7 钢筋运输、堆放时,应采用定型化支架将钢筋固定放置,并应根据钢筋成品(骨架)重量对支架进行承载力安全计算。

5.5 钢筋连接

5.5.1 纵向受力钢筋的连接方式应符合设计要求,轴心受拉及小偏心受拉杆件的纵向受力钢筋不得采用绑扎搭接接头。当受拉钢筋直径大于 25mm 或受压钢筋直径大于 28mm 时,不宜采用绑扎搭接接头。

5.5.2 钢筋接头宜设置在受力较小处;有抗震设防要求的结构

中,梁端、柱端箍筋加密区范围内不宜设置钢筋接头,且不应进行钢筋搭接。同一纵向受力钢筋不宜设置两个或两个以上接头。接头末端至钢筋弯起点的距离,不应小于钢筋直径的10倍。

5.5.3 当纵向受力钢筋采用机械连接接头或焊接接头时,接头的设置应符合下列规定:

1 同一构件内的接头宜分批错开。

2 接头连接区段的长度应为 $35d$,且不应小于 500mm。凡接头中点位于该连接区段长度内的接头均应属于同一连接区段;其中 d 为相互连接两根钢筋中较小的直径。

3 同一连接区段内,纵向受力钢筋接头面积百分率为该区段内有接头的纵向受力钢筋截面面积与全部纵向受力钢筋截面面积的比值;纵向受力钢筋的接头面积百分率应符合下列规定:

1)受拉接头,不宜大于 50%;受压接头,可不受限制。

2)板、墙、柱中受拉机械连接接头,可根据实际情况放宽;装配式混凝土结构构件连接处受拉接头,可根据实际情况放宽。

3)直接承受动力荷载的结构构件中,不宜采用焊接;当采用机械连接时,不应大于 50%。

4)接头不宜设置在有抗震设防要求的框架梁端、柱端的箍筋加密区;当无法避开时,对等强度高质量机械连接接头,不应大于 50%。

5.5.4 钢筋机械连接施工应符合下列规定:

1 加工钢筋接头的操作人员应经专业培训合格后上岗,钢筋接头的加工应经工艺检验合格后再进行。

2 机械连接接头的混凝土保护层厚度宜符合现行国家标准《混凝土结构设计规范》GB 50010 中受力钢筋的混凝土保护层最小厚度规定,且不得小于 15mm。接头之间的横向净间距不宜小于 25mm。

3 螺纹接头安装后应使用专用扭力扳手校核拧紧扭力矩。

挤压接头压痕直径的波动范围应控制在允许波动范围内,并使用专用量规进行检验。

4 机械连接接头的适用范围、工艺要求、套筒材料及质量要求等应符合现行行业标准《钢筋机械连接技术规程》JGJ 107 的有关规定。

5 机械连接接头要求应符合本标准附录 C 的规定。

5.5.5 钢筋焊接施工应符合下列规定:

1 从事钢筋焊接施工的焊工应持有钢筋焊工考试合格证,并应按照合格证规定的范围上岗操作。

2 施工前,操作焊工应进行焊接工艺试验,试验合格后才能进行作业。焊接过程中,如果钢筋牌号、直径发生变更,应重新进行工艺试验。工艺试验使用的材料、设备、辅料及作业条件均应与实际施工一致。

3 细晶粒热轧钢筋及直径大于 28mm 的普通热轧钢筋,其焊接参数应经试验确定;余热处理钢筋不宜焊接。

4 柱、墙等构件中直径不大于 28mm 的竖向受力钢筋的连接可采用电渣压力焊。

5 钢筋焊接接头的适用范围、工艺要求、焊条及焊剂选择、焊接操作及质量要求等应符合现行行业标准《钢筋焊接及验收规程》JGJ 18 的有关规定。

6 焊接连接接头的混凝土保护层厚度宜符合现行国家标准《混凝土结构设计规范》GB 50010 中受力钢筋的混凝土保护层最小厚度的规定。

5.5.6 当纵向受力钢筋采用绑扎搭接接头时,接头的设置应符合下列规定:

1 同一构件内的接头宜分批错开。各接头的横向净间距不应小于钢筋直径,且不应小于 25mm。

2 接头连接区段的长度为 1.3 倍搭接长度,凡接头中点位于该连接区段长度内的接头均应属于同一连接区段。

3 搭接长度可取相互连接两根钢筋中较小的直径计算。纵向受力钢筋的最小搭接长度应符合本标准附录 D 的规定。

5.5.7 在同一连接区段内，纵向钢筋搭接接头面积百分率应为该区段内有搭接接头的纵向受力钢筋截面面积与全部纵向受力钢筋截面面积的比值(图 5.5.7)，且应符合设计要求。

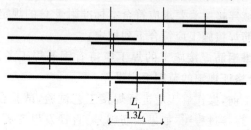

图 5.5.7 钢筋绑扎搭接接头连接区段及接头面积百分率

注:图中所示搭接接头同一连接区段内的搭接钢筋为 2 根，

当各钢筋直径相同时，接头面积百分率为 50%。

5.5.8 当纵向钢筋搭接接头面积百分率设计无要求时，应符合下列规定:

1 对梁、板及墙类构件，不宜大于 25%。

2 对柱类构件，不宜大于 50%。

3 当需增大接头面积百分率时，对梁类构件，不应大于 50%;对其他构件，可根据实际情况放宽。

5.5.9 在梁、柱类构件的纵向受力钢筋搭接长度范围内，应按设计要求配置箍筋。当设计无具体要求时，应符合下列规定:

1 箍筋直径不应小于搭接钢筋较大直径的 25%。

2 受拉搭接区段的箍筋间距不应大于搭接钢筋较小直径的 5 倍，且不应大于 100mm。

3 受压搭接区段的箍筋间距不应大于搭接钢筋较小直径的 10 倍，且不应大于 200mm。

4 当柱中纵向受力钢筋直径大于 25mm 时，应在搭接接头的两个端面外 100mm 范围内各设置两个箍筋，其间距宜为 50mm。

5.6 钢筋安装

5.6.1 钢筋安装前,施工人员应熟悉施工图纸和有关现行施工验收标准,合理安排钢筋安装进度和施工顺序,按照钢筋配料单的内容进行钢筋安装。

5.6.2 钢筋应绑扎牢固,防止钢筋移位。钢筋绑扎应符合下列要求:

1 板和墙的钢筋网,板顶、墙两侧交叉点应全数绑牢,板底边缘两根应全数绑扎,中间部分交叉点可间隔交错扎牢,并应保证受力钢筋不产生偏移;双向受力的钢筋,应全部扎牢。

2 梁和柱的箍筋与纵向钢筋竖向面交叉点应全数绑牢,除设计有特殊要求外,箍筋应与受力钢筋垂直设置;箍筋弯钩叠合处应沿受力钢筋方向错开设置。

3 对于箍筋弯钩叠合处及面积大的竖向钢筋网,各交叉点的绑扎扣应变换方向绑扎。

4 构造柱纵向钢筋宜与承重结构同步绑扎。

5 梁及柱中箍筋、墙中水平分布钢筋、板中钢筋距构件边缘的起始距离宜为50mm。

5.6.3 保护层垫块应根据钢筋的直径、间距放置,竖向钢筋可采用带铁丝的垫块,绑在钢筋骨架外侧;当梁中配有多排钢筋时,可采用短钢筋作为垫筋垫在多排钢筋之间。受力钢筋的混凝土保护层厚度应符合设计要求及现行国家标准《混凝土结构设计规范》GB 50010 的规定。

5.6.4 楼板上层钢筋宜按施工方案规定的间距设置支架,支架间距不宜大于1m,支架距支座边不宜大于100mm,支架位置宜设置钢筋保护层垫块,基础底板等大断面构件的钢筋支架应经过专门设计计算。

5.6.5 浇捣混凝土时,应有专人负责监护钢筋,当出现钢筋松脱或位移时应立即纠正整改,以免影响构件承载能力和抗裂性能。

5.6.6 当柱钢筋采用绑扎搭接接头时,基础内的柱插筋,其箍筋宜比柱的箍筋小一个箍筋直径,以便搭接连接。下层柱露出楼面部分的钢筋,宜用箍筋将其收进一个柱筋直径,以便上层柱的钢筋搭接。

5.6.7 预留钢筋的外露部分应在钢筋根部设置定位钢筋,定位钢筋与预留钢筋必须绑扎或焊接牢固。柱、板墙预留钢筋在结构面以上 1m 位置宜设一道定位钢筋。

5.6.8 钢筋安装应采用定位措施固定钢筋的位置,并宜采用专用定位件。定位件应具有足够的承载力、刚度、稳定性和耐久性。定位件的数量、间距和固定方式,应能保证钢筋的位置偏差符合现行国家标准《混凝土结构设计规范》GB 50010 的规定。混凝土框架梁、柱保护层内,不宜采用金属定位件。

5.6.9 钢筋骨架整体吊装入模时,应设置整体稳定性措施,当钢筋骨架采用横吊梁起吊时,吊点应根据骨架外形预先确定,骨架钢筋各交叉点应绑扎牢固,必要时,焊接牢固;绑扎和焊接的钢筋网和钢筋骨架,不得有变形、松脱和开焊的现象。

5.6.10 钢筋焊接骨架和焊接网安装应符合下列规定:

    1 焊接骨架和焊接网的搭接接头不宜位于构件的最大弯矩处。

    2 焊接网在非受力方向的搭接长度宜为 100mm。

    3 受拉焊接骨架和焊接网在受力钢筋方向的搭接长度应符合表 5.6.10 的规定;受压焊接骨架和焊接网在受力钢筋方向的搭接长度,可取受拉焊接骨架和焊接网在受力钢筋方向的搭接长度的 0.7 倍。

表 5.6.10 受拉焊接骨架和焊接网绑扎接头的搭接长度

钢筋类型		混凝土强度等级		
		C20	C25	高于 C25
HPB300 级钢筋		30d	25d	20d
月牙纹	HRB335 级钢筋	40d	35d	30d
	HRB400 级钢筋	45d	40d	35d
冷拔低碳钢丝		250mm		

注:1 搭接长度除应符合本表规定外,在受拉区不得小于 250mm,在受压区不得小于 200mm。

2 当月牙纹钢筋直径 d 大于 25mm 时,其搭接长度应按表中数值增加 5d。

3 当螺纹钢筋直径 d 不大于 25mm 时,其搭接长度应按表中值减少 5d。

4 轻骨料混凝土的焊接骨架和焊接网绑扎接头的搭接长度,应按普通混凝土搭接长度增加 5d,对冷拔低碳钢丝增加 50mm。

5 当有抗震要求时,对一、二级抗震等级应增加 5d。

4 两张网片搭接时,在搭接区中心及两端应采用铁丝绑扎牢靠。在附加钢筋与焊接网连接的每个节点处均应采用铁丝绑扎。

5 对两端须插入梁内锚固的焊接网,当网片纵向钢筋较细时,可先将焊接网中部向上弯曲,使两端能先后插入梁内,然后铺平网片;当钢筋较粗不能弯曲时,可先将焊接网少焊几根横向钢筋,待插入梁内后补充减少的钢筋。

6 钢筋焊接网安装时,下部焊接网片应设置与保护层厚度相当的垫块,上部焊接网片应沿长度方向每隔 600mm～900mm 设置一个钢筋撑脚。

5.6.11 构件交接处的钢筋位置应符合设计要求。当设计无具体要求时,应保证主要受力构件和构件中主要受力方向的钢筋位置正确。框架节点处梁纵向受力钢筋宜放在柱纵向钢筋内侧;当主次梁底部标高相同时,次梁下部钢筋应放在主梁下部钢筋之上;剪力墙中水平分布钢筋宜放在外侧,并宜在墙端弯折锚固。采用复合箍筋时,箍筋外围应封闭。梁类构件复合箍筋内部,宜选用封闭箍筋,奇数肢也可采用单股箍筋;柱类构件复合箍筋内部可部分采用单股箍筋。

5.6.12 钢筋安装应采取防止钢筋受模板、模具内表面的脱模剂污染的措施。

5.7 高强钢筋

5.7.1 混凝土结构工程的梁、柱纵向受力钢筋宜全部采用500MPa级及以上的高强钢筋,钢筋连接宜采用机械连接。

5.7.2 高强钢筋的强度标准值应具有不小于95%的保证率。

5.7.3 CRB600H高延性冷轧带肋钢筋混凝土构件中受拉钢筋的锚固长度 l 不应小于表5.7.3规定的数值,且不应小于200mm。

表5.7.3 CRB600H高延性冷轧带肋钢筋的最小锚固长度

混凝土强度等级		
C25	C30、C35	≥C40
40d	35d	30d

注:1 表中 d 为CRB600H高延性冷轧带肋钢筋的公称直径。

    2 两根等直径并筋的锚固长度应按表中数值乘以系数1.4后取用。

5.7.4 高强钢筋宜采取区域集中加工配送,宜在工厂进行加工;在现场加工时,应单独建立高强钢筋临时加工区。

5.7.5 高强钢筋箍筋宜采用机械自动成型,当采用人工成型时,应对工人进行培训且应合格。箍筋加工时弯曲半径应符合下列要求:

    1 直径为7mm以下的高强钢筋的弯弧内直径不应小于高强钢筋直径的6倍。

    2 直径为7mm及以上的高强钢筋的弯弧内直径不应小于高强钢筋直径的8倍。

5.7.6 高强螺旋箍筋第一圈应制成封闭型。

5.7.7 高强钢筋箍筋与纵向钢筋之间应采用绑扎固定,严禁采用焊接固定。

5.7.8 梁内连续箍筋的末端应进入柱表面内,柱内连续箍筋的末端宜设置在梁边,节点内连续箍筋末端宜设置在梁上边下排钢筋下面和梁下边钢筋的上面;端部连续箍筋应有一圈以上的连续箍筋重叠,箍筋末端应设置不小于135°的末端弯钩。

5.7.9 梁或柱分段配置连续箍筋时,连续箍筋分段处末端应符合下列规定:

1 单个连续箍筋,当采用环形连续箍筋时,两个环形连续箍筋末端搭接不应小于 $100d$(d 为箍筋直径),其他形状搭接不应少于两个弯折角。

2 复合连续箍筋,组成复合连续箍筋的单个连续箍筋应符合本条第 1 款的规定。

3 连续箍筋搭接处应设置不小于135°的末端弯钩并锚固在混凝土内。

5.8 质量标准

5.8.1 钢筋进场检查应符合下列规定:

1 应检查钢筋的质量证明文件。

2 应按现行国家标准《混凝土结构工程施工质量验收规范》GB 50204 的规定抽样检验屈服强度、抗拉强度、伸长率、弯曲性能及单位长度重量偏差。

3 经产品认证符合要求的钢筋,其检验批量可扩大 1 倍。在同一工程中,同一厂家、同一牌号、同一规格的钢筋连续 3 次进场检验均一次检验合格时,其后的检验批量可扩大 1 倍。

4 应检查钢筋的外观质量。

5 当无法准确判断钢筋品种、牌号时,应增加化学成分、晶粒度等检验项目。

5.8.2 成型钢筋进场时,应检查成型钢筋的质量证明文件、成型钢筋所用材料质量证明文件及检验报告,并应抽样检验成型钢筋的屈服强度、抗拉强度、伸长率和重量偏差。检验批量可由合同约定,同一工程、同一原材料来源、同一组生产设备生产的成型钢筋,检验批量不宜大于 30t。同一工程、同一厂家、同一类型、同一钢筋来源的成型钢筋,连续三批均一次检验合格时,其后的检验批容量可扩大 1 倍。

5.8.3 钢筋调直后,应检查力学性能和单位长度重量偏差。采用无延伸功能的机械设备调直的钢筋,可不进行本条规定的检查。

5.8.4 钢筋加工的形状、尺寸应符合设计要求,其偏差应符合表 5.8.4 的规定。

表 5.8.4　钢筋加工尺寸的偏差限值

项目	偏差限值(mm)
受力钢筋顺长度方向全长的净尺寸	±10
弯起钢筋的弯折位置	±20
箍筋内净尺寸	±5

注:每工作班按同一设备、同一类型的钢筋抽查检查数量不少于 3 件。

5.8.5 钢筋安装后,应检查品种、级别、规格、数量及位置是否符合设计要求。

5.8.6 钢筋连接施工的质量检查应符合下列规定:

1 钢筋焊接和机械连接施工前均应进行工艺检验。机械连接应检查有效的型式检验报告。

2 钢筋焊接接头和机械连接接头应全数检查外观质量,搭接连接接头应抽检搭接长度。

3 螺纹接头应抽检拧紧扭力矩。

4 钢筋焊接施工中,焊工应随焊随检。当发现焊接缺陷及异常现象时,应查找原因,并采取措施立即消除。

5 施工中应检查钢筋接头百分率。

6 应按现行行业标准《钢筋机械连接技术规程》JGJ 107、《钢筋焊接及验收规程》JGJ 18 的规定抽取钢筋机械连接接头、焊接接头试件作力学性能检验。

5.8.7 钢筋安装过程中,因施工操作需要而对钢筋进行焊接时,焊接质量应符合现行行业标准《钢筋焊接及验收规程》JGJ 18 的有关规定。

5.8.8 在浇筑混凝土之前,应对钢筋隐蔽工程进行验收,并应包含下列内容:

  1 纵向受力钢筋的品种、级别、规格、数量、位置等。

  2 钢筋的连接方式、接头位置、接头数量、接头面积百分率等。

  3 箍筋、横向钢筋的品种、级别、规格、数量、间距等。

  4 预埋件的规格、数量、位置等。

5.8.9 钢筋安装位置的偏差应符合表 5.8.9 的规定。

表 5.8.9 钢筋安装位置的允许偏差

项目			允许偏差(mm)
绑扎钢筋网	长、宽		±10
	网眼尺寸		±20
绑扎钢筋骨架	长		±10
	宽、高		±5
	间距		±10
	排距		±5
受力钢筋	保护层厚度	基础	±10
		柱、梁	±5
		板、墙、壳	±3
绑扎箍筋、横向钢筋间距			±20
钢筋弯起点位置			20
预埋件	中心线位置		5
	水平高差		+3,0

注:1 检查预埋件中心线位置时,应沿纵、横两个方向量测,并取其中的较大值。

  2 表中梁类、板类构件上部纵向受力钢筋保护层厚度的合格点率应达到90%及以上,且不得有超过表中数值1.5倍的尺寸偏差。

5.8.10 当发现高强钢筋有脆断或力学性能有明显的不正常现时,应对该批高强钢筋进行化学分析检验或其他专项检验。

检验方法:检查化学成分或专项检查报告。

5.8.11 高强钢筋应无破损、表面无裂纹、油污、颗粒状或片状老锈等。

检查数量:进场时和使用前全数检查。

检验方法:观察。

5.8.12 高强箍筋加工形状、尺寸应符合设计要求,其箍筋内净尺寸允许偏差应为±4mm。

检查数量:按每工作班同一类型的钢筋、同一加工设备抽查不应小于3件。

检验方法:钢尺检查。

5.8.13 高强箍筋各弯折部位不应有裂纹。

检查数量:按每工作班同一类型的钢筋、同一加工设备抽查不应小于3件。

检验方法:观察。

6 预应力工程

6.1 一般规定

6.1.1 预应力工程应编制专项施工方案。施工单位宜根据设计文件进行深化设计。

6.1.2 预应力工程施工应根据环境温度采取质量保证措施,并应符合下列规定:

    1 当工程所处环境温度低于 −15℃时,不宜进行预应力筋张拉。

    2 当工程所处环境温度高于35℃或日平均环境温度连续5d低于5℃时,不宜进行灌浆施工。

6.2 材 料

6.2.1 预应力工程所用原材料的种类、规格、质量、数量等必须符合设计要求及有关现行标准的规定。预应力材料进场时,必须有产品合格证、出厂检验报告。进场后,应按有关规定取样进行检查、检验和试验。材料堆放和贮存应符合相应规定。

6.2.2 预应力钢筋按钢材品种可分为钢丝、钢绞线、高强钢筋和钢棒等。预应力筋应根据结构受力特点、环境条件和施工方法等选用。后张法预应力混凝土结构中,宜采用高强度低松弛钢绞线。先张法预应力混凝土构件中,宜采用刻痕钢丝、螺旋肋钢丝和钢绞线等。对直线预应力筋或拉杆,也可采用精轧螺纹钢筋或钢棒。

6.2.3 预应力筋用锚具、夹具和连接器的性能,应符合现行国家标准《预应力筋用锚具、夹具和连接器》GB/T 14370 的规定,其工程应用应符合现行行业标准《预应力筋用锚具、夹具和连接器应用技术规程》JGJ 85 的规定。

6.2.4 混凝土结构用预应力筋的品种、规格、强度等级和数量应符合设计要求。在施工中,当预应力筋需要代换时,应进行专门计算,并应经原设计单位确认后再实施。预应力筋的代换应符合下列规定:

1 同一品种同一强度级别、不同直径的预应力筋代换后,预应力筋的截面面积不得小于原设计截面面积。

2 同一品种不同强度级别或不同品种的预应力筋代换后,预应力筋的受拉承载力不得小于原设计承载力。

3 预应力筋代换后,总张拉力或总有效预拉力不得小于原设计要求。对预应力混凝土框架梁,预应力筋代换后梁端截面配筋尚应满足现行国家标准《混凝土结构设计规范》GB 50010 的抗震性能规定。

4 代换预应力筋的伸长率和屈强比不得小于原设计要求,应力松弛率不得大于原设计要求。

5 预应力筋代换后,构件中的预应力筋布置应满足设计规范的构造要求;代换后如锚固体系有变动,应重新验算锚固区的局部受压承载力。

6.2.5 预应力筋的下料和加工方法,应满足制作的精度要求,同时不得损伤预应力筋。

6.2.6 预应力筋等材料在运输、存放、加工、安装过程中,应采取防止其损伤、锈蚀或污染的措施,并应符合下列规定:

1 有粘结预应力筋展开后应平顺,不应有弯折,表面不应有裂纹、小刺、机械损伤、氧化铁皮和油污等。

2 预应力筋用锚具、夹具、连接器和锚垫板表面应无污物、锈蚀、机械损伤和裂纹。

3 无粘结预应力筋护套应光滑、无裂纹、无明显褶皱。

4 张拉预应力用成孔管道内外表面应清洁、无锈蚀,不应有油污、孔洞和不规则的褶皱,咬口不应有开裂或脱落。

6.2.7 配置灌浆料用水泥、水及外加剂除应符合国家现行有关标准的规定外,尚应符合下列规定:

1 宜采用普通硅酸盐水泥。

2 拌和用水和掺加的外加剂中不应含有对预应力筋或水泥有害的成分。

3 外加剂应与水泥作配合比试验并确定掺量。

6.2.8 灌浆用水泥浆应符合下列规定:

1 采用普通灌浆工艺时,稠度宜控制在 12s～20s,采用真空灌浆工艺时,稠度宜控制在 18s～25s。

2 水灰比不应大于 0.45。

3 3h 自由泌水率宜为 0,且不应大于 1%,泌水应在 24h 内全部被水泥浆吸收。

4 24h 自由膨胀率,采用普通灌浆工艺时不应大于 6%;采用真空灌浆工艺时不应大于 3%。

5 水泥浆中氯离子含量不应超过水泥重量的 0.06%。

6 28d 标准养护的边长为 70.7mm 的立方体水泥浆试块抗压强度不应低于 30MPa。

7 稠度、泌水率及自由膨胀率的试验方法应符合现行国家标准《预应力孔道灌浆剂》GB/T 25182 的规定。

6.3 制作与安装

6.3.1 预应力筋的下料长度应经计算确定,并应采用砂轮锯或切断机等机械方法切断。预应力筋制作或安装时,不应用作接地线,并应避免焊渣或接地电火花的损伤。

6.3.2 无粘结预应力筋在现场搬运和铺设过程中,不应损伤其塑料护套。当出现轻微破损时,应采用防水胶带封闭;严重破损的不得使用。

6.3.3 钢绞线挤压锚具应采用配套的挤压机制作,挤压操作的油压最大值应符合使用说明书的规定。摩擦衬套应沿挤压套筒全长均匀分布;挤压完成后,预应力筋外端露出挤压套筒不应少于1mm。

6.3.4 钢绞线压花锚具应采用专用的压花机制作成型,梨形头尺寸和直线锚固段长度不应小于设计值。

6.3.5 钢丝镦头及下料长度偏差应符合下列规定:

1 镦头的头型直径不宜小于钢丝直径的1.5倍,高度不宜小于钢丝直径。

2 镦头不应出现横向裂纹。

3 当钢丝束两端均采用镦头锚具时,同一束中各根钢丝长度的极差不应大于钢丝长度的1/5 000,且不应大于5mm。当成组张拉长度不大于10m的钢丝时,同组钢丝长度的极差不得大于2mm。

6.3.6 成孔管道的连接应密封,并应符合下列规定:

1 圆形金属波纹管接长时,可采用大一规格的同波型波纹管作为接头管,接头管长度可取其内径的3倍,且不宜小于200mm,两端旋入长度宜相等,且接头管两端应采用防水胶带密封。

2 塑料波纹管接长时,可采用塑料焊接机热熔焊接或采用专用连接管。

3 钢管连接可采用焊接连接或套筒连接。

6.3.7 预应力筋或成孔管道应按设计规定的形状和位置安装,并应符合下列规定:

1 预应力筋或成孔管道应平顺,并与定位钢筋绑扎牢固。定位钢筋直径不宜小于10mm,间距不宜大于1.2m,板中无粘结预应力筋的定位间距可适当放宽,扁形管道、塑料波纹管或预应力筋曲线曲率较大处的定位间距,宜适当缩小。

2 施工时需要预先起拱的构件,预应力筋或成孔管道宜随构件同时起拱。

3 预应力筋或成孔管道控制点竖向位置允许偏差应符合表6.3.7的规定。

表 6.3.7 预应力筋或成孔管道竖向位置允许偏差

构件截面高/厚度 h(mm)	$h \leqslant 300$	$300 < h \leqslant 1500$	$h > 1500$
允许偏差(mm)	± 5	± 10	± 15

6.3.8 预应力筋和预应力孔道的间距和保护层厚度,应符合下列规定:

1 先张法预应力筋之间的净间距,不宜小于预应力筋公称直径或等效直径的 2.5 倍和混凝土粗骨料最大粒径的 1.25 倍,且对预应力钢丝、三股钢绞线和七股钢绞线分别不应小于 15mm、20mm 和 25mm。当混凝土振捣密实性有可靠保证时,净间距可放宽至粗骨料最大粒径的 1.0 倍。

2 对后张法预制构件,孔道之间的水平净间距不宜小于50mm,且不宜小于粗骨料最大粒径的 1.25 倍;孔道至构件边缘的净间距不宜小于 30mm,且不宜小于孔道外径的 50%。

3 在现浇混凝土结构中,预留孔道在竖直方向的净间距不应小于孔道外径,水平方向的净间距不宜小于孔道外径的 1.5 倍,且不应小于粗骨料最大粒径的 1.25 倍;从孔道外壁至构件边缘的净间距,梁底不宜小于 50mm,梁侧不宜小于 40mm;裂缝控制等级为三级的梁,从孔道外壁至构件边缘的净间距,梁底不宜小于 60mm,梁侧不宜小于 50mm。

4 预留孔道的内径宜比预应力束外径及需穿过孔道的连接器外径大 6mm~15mm,且孔道的截面积宜为穿入预应力束截面积的 3 倍~4 倍。

5 当有可靠经验并能保证混凝土浇筑质量时,预应力孔道可水平并列贴紧布置,但每一并列束中的孔道数量不应超过 2 个。

6 板中单根无粘结预应力筋的水平间距不宜大于板厚的 6 倍,且不宜大于 1m;带状束的无粘结预应力筋根数不宜多于 5 根,束间距不宜大于板厚的 12 倍,且不宜大于 2.4m。

7 梁中集束布置的无粘结预应力筋,束的水平净间距不宜小于 50mm,束至构件边缘的净间距不宜小于 40mm。

6.3.9 预应力孔道应根据工程特点设置排气孔、泌水孔及灌浆孔,排气孔可兼作泌水孔或灌浆孔,并应符合下列规定:

1 当曲线孔道波峰和波谷的高差大于 300mm 时,应在孔道波峰设置排气孔,排气孔间距不宜大于 30m。

2 当排气孔兼作泌水孔时,其外接管伸出构件顶面高度不宜小于 300mm。

6.3.10 铺垫板、局部加强钢筋和连接器应按设计要求的位置和方向安装牢固,并应符合下列规定:

1 锚垫板的承压面应与预应力筋或孔道曲线末端的切线垂直。预应力筋曲线起始点与张拉锚固点之间的直线段最小长度应符合表 8.3.10 的规定。

2 采用连接器接长预应力筋时,应全面检查连接器的所有零件。

3 内埋式固定端锚垫板不应重叠,锚具与锚垫板应贴紧。

表 6.3.10 预应力筋曲线起始点与张拉锚固点之间直线段最小长度

预应力筋张拉力 N(kN)	$N \leqslant 1500$	$1500 < N \leqslant 6000$	$N > 6000$
直线段最小长度(mm)	400	500	600

6.3.11 后张法有粘结预应力筋穿入孔道及其防护,应符合下列规定:

1 对采用蒸汽养护的预制构件,预应力筋应在蒸汽养护结束后穿入孔道。

2 预应力筋穿入孔道后至孔道灌浆的时间间隔不宜过长,当环境相对湿度大于 60% 或处于近海环境时,不宜超过 14d;当环境相对湿度不大于 60％时,不宜超过 28d。

　　3　当不能满足本条第 2 款的规定时,宜对预应力筋采取防锈措施。

6.3.12　预应力筋等安装完成后,应具有成品保护的措施。

6.3.13　当采用减摩材料降低孔道摩擦阻力时,应符合下列规定:

　　1　减摩材料不应对预应力筋、成孔管道及混凝土产生不利影响。

　　2　灌浆前应将减摩材料清除干净。

6.3.14　穿束的方法可采用人力、卷扬机或穿束机单根穿或整束穿。对超长束、特重束、多波曲线束等宜采用卷扬机整束穿,束的前端应装有穿束网套或特制的牵引头,并保持预应力筋顺直,且仅前后拖动,不得扭转。采用穿束机逐根将钢绞线穿入孔道时,应保证其在孔道内不发生相互缠绕。

6.3.15　预应力筋宜从内埋式固定端穿入。当固定端采用挤压锚具时,从孔道末端至锚垫板的距离应满足成组挤压锚具的安装要求;当固定端采用压花锚具时,从孔道末端至梨形头的直线锚固段不应小于设计值。预应力筋从张拉端穿出的长度应满足张拉设备的操作要求。

6.3.16　当采用先穿束工艺时,严禁电火花烧伤管道内的预应力筋,严禁利用钢筋骨架作电焊回路,避免预应力筋被退火而降低强度。当出现预应力筋被电焊灼伤、有焊疤或受热褪色时,应予以更换。

6.3.17　竖向孔道的穿束,宜采用单根由上向下控制放盘速度穿入孔道,也可采用整束由下向上牵引工艺,牵引夹持必须紧固可靠。

6.3.18　采用后穿束工艺时,混凝土终凝前应用通孔器清孔;采用先穿束工艺时,应逐孔抽动已穿入孔道的预应力束,防止漏浆堵塞孔道。对采用蒸汽养护的预制构件,预应力筋应在蒸汽养护结束后穿入孔道。

6.3.19 预应力筋下料长度、张拉力、预应力损失值以及预应力筋伸长值等技术参数应根据现行上海市工程建设规范《预应力混凝土结构设计规程》DGJ 08－69 的规定计算确定。

6.4 张拉和放张

6.4.1 预应力筋张拉前,应进行下列准备工作:

1 计算张拉力和张拉伸长值,根据张拉设备标定结果确定油泵压力表读数。

2 根据工程需要搭设安全的张拉作业平台。

3 清理锚垫板和张拉端预应力筋,检查锚垫板后混凝土的密实性。

6.4.2 预应力筋张拉设备及压力表应定期维护和标定。张拉设备和压力表应配套标定和使用,标定期限不应超过半年。当使用过程中出现反常现象或张拉设备检修后,应重新标定。设备及压力表应符合下列规定:

1 压力表的量程应大于张拉工作压力读值,压力表的精确度等级不应低于 1.6 级。

2 标定张拉设备用的试验机或测力计的测力示值不确定度,不应大于 1.0%。

3 张拉设备标定时,千斤顶活塞的运行方向应与实际张拉工作状态一致。

4 预应力施工机具、设备及仪表,应根据张拉工艺、结构型式和预应力筋种类、锚具、夹具种类合理配套选用,并应按规定维护和校验。

6.4.3 张拉设备安装时,对直线预应力筋,应使张拉力的作用线与预应力筋中心线重合;对曲线预应力筋,应使张拉力的作用线与预应力筋中心线末端的切线重合。

6.4.4 施加预应力时,混凝土强度应符合设计要求,且同条件养护的混凝土立方体抗压强度,应符合下列规定:

1 不应低于设计混凝土强度等级值的 75%。

2 采用消除应力钢丝或钢绞线作为预应力筋的先张法构件,尚不应低于 30MPa。

3 不应低于锚具供应商提供的产品技术手册要求的混凝土最低强度要求。

4 后张法预应力梁和板,现浇结构混凝土的龄期分别不宜小于 7d 和 5d。

6.4.5 预应力筋的张拉控制应力应符合设计及专项施工方案的要求。当施工中需要超张拉时,调整后的张拉控制应力 σ_{con} 应符合下列规定:

1 消除应力钢丝、钢绞线

$$\sigma_{con} \leqslant 0.80 f_{ptk} \qquad (6.4.5\text{-}1)$$

2 中强度预应力钢丝

$$\sigma_{con} \leqslant 0.75 f_{ptk} \qquad (6.4.5\text{-}2)$$

3 预应力螺纹钢筋

$$\sigma_{con} \leqslant 0.90 f_{pyk} \qquad (6.4.5\text{-}3)$$

式中:σ_{com}——预应力筋张拉控制应力;

f_{ptk}——预应力筋强度标准值;

f_{pyk}——预应力筋屈服强度标准值。

6.4.6 采用应力控制方法张拉时,应校核最大张拉力下预应力筋伸长值。实测伸长值与计算伸长值的偏差应控制在 ±6% 之内;否则,应查明原因并采取措施后再张拉。必要时,宜进行现场孔道摩擦系数测定,并可根据实测结果调整张拉控制力。预应力筋张拉伸长值的计算和实测值的确定及孔道摩擦系数的测定,可分别按本标准附录 E、附录 F 的规定执行。

6.4.7 预应力筋的张拉顺序应符合设计要求,并应符合下列规定:

1 应根据结构受力特点、施工方便及操作安全等因素确定张拉顺序。

2 预应力筋宜按均匀、对称的原则张拉。

3 现浇预应力混凝土楼盖,宜先张拉楼板、次梁的预应力筋,后张拉主梁的预应力筋。

4 对预制屋架等平卧叠浇构件,应从上而下逐榀张拉。

6.4.8 后张预应力筋应根据设计和专项施工方案的要求采用一端或两端张拉。采用两端张拉时,宜两端同时张拉,也可一端先张拉锚固,另一端补张拉。当设计无具体要求时,应符合下列规定:

1 有粘结预应力筋长度不大于 20m 时,可一端张拉。

2 有粘结预应力筋长度大于 20m 时,宜两端张拉。

3 预应力筋为直线形时,一端张拉的长度可延长至 35m。

4 无粘结预应力筋长度不大于 40m 时,可一端张拉。

5 无粘结预应力筋长度大于 40m 时,宜两端张拉。

6.4.9 后张有粘结预应力筋应整束张拉。对直线形或平行编排的有粘结预应力钢绞线束,当能确保各根钢绞线不受叠压影响时,也可逐根张拉。

6.4.10 预应力筋张拉时,应从零拉力加载至初拉力后,量测伸长值初读数,再以均匀速率加载至张拉控制力。塑料波纹管内的预应力筋,张拉力达到张拉控制力后宜持荷 2min～5min。

6.4.11 预应力筋张拉中应避免预应力筋断裂或滑脱。当发生断裂或滑脱时,应符合下列规定:

1 对后张法预应力结构构件,断裂或滑脱的数量严禁超过同一截面预应力筋总根数的 3%,且每束钢丝或每根钢绞线不得超过 1 丝;对多跨双向连续板,其同一截面应按每跨计算。

2 对先张法预应力构件,在浇筑混凝土前发生断裂或滑脱的预应力筋必须更换。

6.4.12 锚固阶段张拉端预应力筋的内缩量应符合设计要求。

当设计无具体要求时,应符合表 6.4.12 的规定。

表 6.4.12 张拉端预应力筋的内缩量限值

锚具类别		内缩量限值(mm)
支承式锚具 (螺母锚具、镦头锚具等)	螺帽缝隙	1
	每块后加垫板的缝隙	1
夹片式锚具	有顶压	5
	无顶压	6～8

6.4.13 先张法预应力筋的放张顺序,应符合下列规定:

1 宜采取缓慢放张工艺进行逐根或整体放张。

2 对轴心受压构件,所有预应力筋宜同时放张。

3 对受弯或偏心受压的构件,应先同时放张预压应力较小区域的预应力筋,再同时放张预压应力较大区域的预应力筋。

4 当不能按本条第 1～3 款的规定放张时,应分阶段、对称、相互交错放张。

5 放张后,预应力筋的切断顺序,宜从张拉端开始依次切向另一端。

6.4.14 后张法预应力筋张拉锚固后,如遇特殊情况需卸锚时,应采用专门的设备和工具。

6.4.15 预应力筋张拉或放张时,应采取有效的安全防护措施,预应力筋两端正前方不得站人或穿越。

6.4.16 预应力筋张拉时,应对张拉力、压力表读数、张拉伸长值、锚固回缩值及异常情况处理等作出详细记录。

6.4.17 对特殊预应力构件或预应力筋,应根据设计和施工要求采取专门的张拉工艺。

6.5 灌浆及封锚

6.5.1 后张法有粘结预应力筋张拉完毕并经检查合格后,应尽早进行孔道灌浆,且宜在 48h 内完成,孔道内水泥浆应饱满、密实。

6.5.2 后张法预应力筋锚固后的外露多余长度,宜采用机械方法切割,其外露长度不宜小于预应力筋直径的 1.5 倍,且不应小于 30mm。

6.5.3 孔道灌浆前应进行下列准备工作:

1 应确认孔道、排气兼泌水管及灌浆孔畅通;对预埋管成型孔道,可采用压缩空气清孔。

2 应采用水泥浆、水泥砂浆等材料封闭端部锚具缝隙,也可采用封锚罩封闭外露锚具。

3 采用真空灌浆工艺时,应确认孔道系统的密封性。

6.5.4 灌浆用水泥浆的制备及使用,应符合下列规定:

1 水泥浆宜采用高速搅拌机进行搅拌,搅拌时间不应超过 5min。

2 水泥浆使用前应经筛孔尺寸不大于 1.2mm×1.2mm 的筛网过滤。

3 搅拌后不能在短时间内灌入孔道的水泥浆,应保持缓慢搅动。

4 水泥浆应在初凝前灌入孔道,搅拌后至灌浆完毕的时间不宜超过 30min。

6.5.5 灌浆施工应符合下列规定:

1 宜先灌注下层孔道,后灌注上层孔道。

2 灌浆应连续进行,直至排气管排除的浆体稠度与注浆孔处相同且无气泡后,再顺浆体流动方向依次封闭排气孔;全部出浆口封闭后,宜继续加压 0.5MPa~0.7MPa,并应稳压 1min~2min 后封闭灌浆口。

3 当泌水较大时,宜进行二次灌浆和对泌水孔进行重力补浆。

4 因故中途停止灌浆时,应用压力水将未灌注完孔道内已注入的水泥浆冲洗干净。

6.5.6 真空辅助灌浆操作应符合下列规定：

1 灌浆孔和排气孔应设置阀门，灌浆泵应设置在灌浆孔侧，真空泵应设置在排浆孔侧。

2 灌浆前应关闭所有排气阀和进浆阀门。启动真空泵后，孔道内的真空度应达到－0.06MPa～－0.10MPa并保持稳定，然后启动灌浆泵开始灌浆。灌浆过程中，真空泵应保持连续工作。

3 浆体通过排浆观察孔时，应关闭通向真空泵的阀门和真空泵，并开启排浆阀；当排出浆体稠度与进浆一致时，再关闭排浆阀，并继续灌浆。

4 应保持灌浆压力不小于0.5MPa，并应稳压2min～5min后关闭灌浆泵；应在浆体达到初凝强度后，再拆除端部进浆孔和出浆孔的阀门。

6.5.7 孔道灌浆应填写灌浆记录。

6.5.8 外露锚具及预应力筋应按设计要求采取保护措施。

6.6 质量标准

6.6.1 预应力工程材料进场检查应符合下列规定：

1 应检查规格、外观、尺寸及其质量证明文件。

2 应按国家现行有关标准的规定进行力学性能的抽样检验。

3 经产品认证符合要求的产品，其检验批量可扩大一倍。在同1工程中，同一厂家、同一品种、同一规格的产品连续3次进场检验均一次检验合格时，其后的检验批量可扩大1倍。

6.6.2 预应力筋的制作应进行下列检查：

1 采用镦头锚时的钢丝下料长度。

2 钢丝镦头外观、尺寸及头部裂纹。

3 挤压锚具制作时挤压记录和挤压锚具成型后锚具外预应

力筋的长度。

4 钢绞线压花锚具的梨形头尺寸。

6.6.3 预应力筋、预留孔道、锚垫板和锚固区加强钢筋的安装应进行下列检查：

1 预应力筋的外观、品种、级别、规格、数量和位置等。

2 预留孔道的外观、规格、数量、位置、形状以及灌浆孔、排气兼泌水孔等。

3 锚垫板和局部加强钢筋的外观、品种、级别、规格、数量和位置等。

4 预应力筋锚具和连接器的外观、品种、规格、数量和位置等。

6.6.4 预应力筋张拉或放张应进行下列检查：

1 预应力筋张拉或放张时，同条件养护混凝土试块的强度。

2 预应力筋张拉记录。

3 先张法预应力筋张拉后与设计位置的偏差。

6.6.5 预应力筋的张拉质量应符合下列要求：

1 预应力筋张拉时，混凝土强度应符合设计要求。

2 预应力筋的张拉力、张拉顺序和张拉工艺应符合设计及施工技术方案的要求。

3 预应力筋张拉伸长实测值与计算值的偏差不应超过$\pm 6\%$，其合格点率应达到 95%，且最大偏差不应超过$\pm 10\%$。

4 预应力筋张拉锚固后实际建立的预应力值与设计规定检验值的相对偏差不应超过 $\pm 5\%$。

5 预应力筋张拉过程中应避免断裂或滑脱。如发生断裂或滑脱，对后张法预应力结构构件，其数量严禁超过同一截面上预应力筋总根数的 3%，且每束钢丝不超过对多跨连续双向板和密肋梁，同一截面应按开间计算；对先张法预应力构件，在浇筑混凝土前发生断裂或滑脱的预应力筋必须予以更换。

6 预应力筋锚固后，夹片顶面宜平齐，其错位不宜大于

2mm,且不应大于4mm。

7 后张法预应力筋张拉后,应检查构件有无开裂现象。如出现有害裂缝,应会同设计单位处理;先张法预应力筋张拉后与设计位置的偏差不应大于5mm,且不得大于构件截面短边边长的4%。

6.6.6 预应力筋的放张质量应符合下列要求:

1 预应力筋放张时,混凝土强度应符合设计要求。

2 先张法构件的放张顺序,应使构件对称受力,不发生翘曲变形。

3 先张法预应力筋放张时,应使构件能自由伸缩。

4 先张法预应力筋放张后,构件端部钢丝的内缩值不宜大于1.0mm。

6.6.7 灌浆用水泥浆及灌浆应进行下列检查:

1 配合比设计阶段检查稠度、泌水率、自由膨胀率、氯离子含量和试块强度。

2 现场搅拌后检查稠度、泌水率,并应根据验收规定检查试块强度。

3 灌浆质量检查灌浆记录。

6.6.8 孔道灌浆的质量应符合下列要求:

1 孔道内的水泥浆应饱满、密实,当有疑问时,可采用无损探测或钻孔检查。

2 施工中水泥浆的配合比不得任意更改,孔道灌浆用水泥浆应采用普通硅酸盐水泥和水拌制。水泥浆的水灰比不应大于0.42,拌制后3h泌水率不宜大于2%,且不应大于3%,泌水应在24h内全部重新被水泥浆体吸收。

3 孔道灌浆压力不得小于0.5MPa。

4 水泥浆试块采用边长为70.7mm的立方体试模制作。

6.6.9 封锚应进行下列检查:

1 锚具外的预应力筋长度。

2 凸出式封锚端尺寸。

3 封锚的表面质量。

6.6.10 锚具封闭保护质量应符合下列要求:

1 无粘结预应力筋端头和锚具夹片应达到密封要求,对处于二类、三类环境条件下的无粘结预应力筋及其锚固系统应达到全封闭保护状态。

2 凸出式锚固端锚具的保护层厚度不应小于 50mm,外露预应力筋的混凝土保护层厚度处于一类环境时,不应小于 20mm;处于二、三类易受腐蚀环境时,不应小于 50mm。

3 封锚混凝土应密实、无裂纹。

6.6.11 检验批合格质量应符合下列规定:

1 主控项目和一般项目的质量经抽样检验合格;当采用计数检验时,对重要的一般项目(如束形控制点竖向位置偏差)合格点率应达到 90%,对主控项目(如张拉伸长值偏差)合格点率应达到 95%。

2 具有完整的施工操作依据和质量检查记录。

6.6.12 预应力分项工程的验收应由监理工程师组织施工单位(含分包单位)项目技术负责人进行,并按预应力分项工程质量验收统一用表作出记录。

6.6.13 预应力分项工程质量验收合格应符合下列规定:

1 分项工程所含的检验批均应符合合格质量的规定。

2 分项工程验收资料完整并应符合验收要求。

6.6.14 预应力分项工程质量验收时应提供下列文件和记录:

1 预应力分项工程的设计变更文件。

2 预应力施工方案及有关变更记录。

3 预应力筋(孔道)竖向坐标、预应力筋锚固端构造等详图。

4 预应力材料(预应力筋、锚具、波纹管、灌浆水泥等)质量证明书。

5 预应力筋和锚具等进场复验报告。

6 张拉设备配套标定报告。

7 预应力筋(孔道)竖向坐标检查记录。

8 预应力筋张拉见证记录。

9 孔道灌浆及封锚记录、水泥浆试块强度试验报告。

10 检验批质量验收记录。

7 混凝土制备和运输

7.1 一般规定

7.1.1 混凝土结构应采用预拌混凝土,预拌混凝土应符合现行国家标准《预拌混凝土》GB/T 14902 的有关规定。

7.1.2 混凝土所用的原材料的品种、规格、质量指标及其检验方法,应符合本标准及现行国家标准《混凝土结构工程施工质量验收规范》GB 50204 的规定。

7.1.3 混凝土的配合比应根据原材料性能以及设计、施工对混凝土的技术要求进行设计,并应经试验室试配、调整,满足要求后再确定。

7.1.4 采用预拌混凝土时,供方应提供混凝土配合比通知单、混凝土抗压强度报告、混凝土质量合格证和混凝土运输单;当需要其他资料时,供需双方应在合同中明确约定。

7.2 原材料

7.2.1 水泥质量必须符合现行国家标准《通用硅酸盐水泥》GB 175 的规定。当采用其他品种的水泥时,水泥的性能指标必须符合现行有关标准的规定。

7.2.2 砂的质量应符合现行行业标准《普通混凝土用砂、石质量及检验方法标准》JGJ 52 的规定。混凝土宜选用中砂,采用机制砂时还应符合现行上海市工程建设规范《人工砂在混凝土中的应用技术规程》DG/TJ 08－506 的规定。高强混凝土的细骨料宜选用质地坚硬、级配良好的天然砂,细度模量应为 2.6～3.2,通过公

称粒径为 315μm 筛孔的砂不应少于 15％；含泥量不应大于
1.0％；泥块含量不应大于 0.5％。

7.2.3 碎石的质量必须符合现行行业标准《普通混凝土用砂、石
质量及检验方法标准》JGJ 52 的规定。混凝土宜采用连续级配的
碎石,碎石的最大粒径应符合混凝土性能和泵送的要求。高强混
凝土的粗骨料宜选用质地坚硬、级配良好的石灰岩、花岗岩、辉绿
岩、玄武岩等碎石或碎卵石,母岩的立方体抗压强度应比所配制
的混凝土强度至少高 20％；针、片状含量不应大于 5.0％,不得混
入软弱颗粒；含泥量不应大于 0.5％；泥块含量不应大于 0.2％；
最大粒径不宜大于 25mm。

7.2.4 混凝土可采用 I 级或 II 级粉煤灰、粒化高炉矿渣微粉、超
细沸石粉和硅粉等作为掺合料。

7.2.5 选用外加剂时,除应正确选用外加剂种类外,还应检验外
加剂与水泥及掺合料的适应性。严禁使用对人体产生危害、对环
境产生污染的外加剂。

7.2.6 混凝土拌合用水应符合现行行业标准《混凝土用水标准》
JGJ 63 的规定,宜采用饮用水;采用混凝土生产回水时,应符合现
行上海市工程建设规范《混凝土生产回收水应用技术规程》DG/
TJ 08－2181 的规定。

7.2.7 当结构处于潮湿环境且骨料有碱活性时,每立方米混凝
土拌合物(包括外加剂)的含碱总量不应大于 3kg。

7.2.8 钢筋混凝土中的氯化物含量(以氯离子重量占胶凝材料
的百分比计)应符合下列规定:

    1 对于素混凝土,不得大于胶凝材料重量的 1％。

    2 对处于干燥环境的钢筋混凝土,不得大于胶凝材料重量
的 0.3％。

    3 对潮湿但不含氯离子环境的钢筋混凝土及高强混凝土,
不得大于胶凝材料重量的 0.2％。

    4 对处于潮湿并含有氯离子环境或滨海室外环境中的钢筋

混凝土,不得超过胶凝材料重量的 0.1%。

　　5 对预应力混凝土、处于易腐蚀环境中及设计使用年限为 100 年的钢筋混凝土,不得大于胶凝材料重量的 0.06%。

7.2.9 混凝土各种原材料的运输、储存、保管和发放,均应有严格的管理制度,防止误装、互混和变质。

7.3　混凝土配合比设计

7.3.1 普通混凝土配合比设计、试配、调整、确定和最大水胶比、最小胶凝材料总量应符合现行行业标准《普通混凝土配合比设计规程》JGJ 55 的规定。

7.3.2 高强混凝土的配合比设计除应符合本标准第 7.3.1 条的要求外,尚应符合现行行业标准《高强混凝土应用技术规程》JGJ/T 281 和现行上海市工程建设规范《高强泵送混凝土应用技术标准》DG/TJ 08-503 的规定。应严格控制总用水量、水胶比、砂率以及所采用的外加剂和矿物掺合料的品种、掺量,以上参数宜通过试验确定。

7.3.3 自密实混凝土配合比设计除应符合本标准第 7.3.1 条的要求外,尚应符合现行行业标准《自密实混凝土应用技术规程》JGJ/T 283 的规定,并应符合下列规定:

　　1 应遵循流动性和抗离析平衡的原则。

　　2 应降低胶结料用量,在保证混凝土工作性能同时,宜降低砂率,并优化集料级配。

　　3 应掺加矿物掺合料。

　　4 应合理选用复合高效减水剂。

　　5 混凝土生产单位应采用混凝土坍落度、扩展度、倒坍落度筒法及流变等试验测试混凝土的各项性能指标,并应通过试验确定自密实混凝土配合比。

7.3.4 大体积混凝土配合比设计除应符合本标准第 7.3.1 条的

要求外,尚应符合下列规定:

    1 应选用低水化热水泥。

    2 粗骨料应采用连续级配,细骨料应采用中砂。

    3 应掺用缓凝剂、减水剂以及减少水泥水化热的掺合料。

7.4 混凝土的运输

7.4.1 采用混凝土搅拌运输车运输混凝土时,应符合下列规定:

    1 接料前,搅拌运输车应排净罐内积水。

    2 在运输途中及等候卸料时,应保持搅拌运输车罐体正常转速,不得停转。

    3 卸料前,搅拌运输车罐体宜快速旋转搅拌 20s 以上后再卸料。

7.4.2 采用搅拌运输车运输混凝土时,施工现场车辆出入口处应安排交通安全指挥人员,施工现场道路应顺畅,并宜设置循环车道;危险区域应设置警戒标志;夜间施工时,应有良好的照明。

7.4.3 采用搅拌运输车运输混凝土,当混凝土坍落度损失较大不能满足施工要求时,可在运输车罐内加入适量的与原配合比相同成分的减水剂。减水剂加入量应事先由试验确定,并应作出记录。加入减水剂后,搅拌运输车罐体应快速旋转搅拌均匀,并应达到要求的工作性能后再泵送或浇筑。

7.4.4 当采用机动翻斗车运输混凝土时,道路应通畅,路面应平整、坚实,临时坡道或支架应牢固,铺板接头应平顺。

7.5 质量标准

7.5.1 原材料进场时,供方应对进场材料按材料进场验收所划分的检验批提供相应的质量证明文件,外加剂产品尚应提供使用说明书。当能确认连续进场的材料为同一厂家的同批出厂材料时,可按出厂的检验批提供质量证明文件。

7.5.2 原材料进场时,应对材料外观、规格、等级、生产日期等进行检查,每个检验批检验不得少于1次。经产品认证符合要求的水泥、外加剂,其检验批量可扩大1倍。在同一工程中,同一厂家、同一品种、同一规格的水泥、外加剂,连续3次进场检验均一次合格时,其后的检验批量可扩大1倍。

7.5.3 原材料进场质量检查应符合下列规定:

1 应对水泥的强度、安定性及凝结时间进行检验。同一生产厂家、同一等级、同一品种、同一批号且连续进场的水泥,袋装水泥不超过200t应为一批,散装水泥不超过500t应为一批。

2 应对粗骨料的颗粒级配、含泥量、泥块含量、针片状含量指标进行检验,压碎指标可根据工程需要进行检验,应对细骨料颗粒级配、含泥量、泥块含量指标进行检验。当设计文件有要求或结构处于易发生碱骨料反应环境中时,应对骨料进行碱活性检验。抗冻等级 F100 及以上的混凝土用骨料,应进行坚固性检验。骨料不超过 400m³ 或 600t 为一检验批。

3 应对矿物掺合料细度(比表面积)、需水量比(流动度比)、活性指数(抗压强度比)、烧失量指标进行检验。粉煤灰、矿渣粉、沸石粉不超过 200t 应为一检验批,硅灰不超过 30t 应为一检验批。

4 应按外加剂产品标准规定对其主要匀质性指标和掺外加剂混凝土性能指标进行检验。同一品种外加剂不超过 50t 应为一检验批。

5 当采用饮用水作为混凝土用水时,可不检验。当采用中水、搅拌站清洗水或施工现场循环水等其他水源时,应对其成分进行检验。

7.5.4 当使用中水泥质量受不利环境影响或水泥出厂超过 3 个月(快硬硅酸盐水泥超过 1 个月)时,应进行复验,并应按复验结果使用。

7.5.5 混凝土在生产过程中的质量检查应符合下列规定：

1 生产前应检查混凝土所用原材料的品种、规格是否与施工配合比一致。在生产过程中应检查原材料实际称量误差是否满足要求,每一工作班应至少检查2次。

2 生产前应检查生产设备和控制系统是否正常、计量设备是否归零。

3 混凝土拌合物的工作等外界影响导致混凝土骨料含水率变化时,应进行检验。

7.5.6 混凝土应进行抗压强度试验。有抗冻、抗渗等耐久性要求的混凝土,还应进行抗冻性、抗渗性等耐久性指标的试验。其试件留置方法和数量,应按现行国家标准《混凝土结构工程施工质量验收规范》GB 50204 的规定执行。

7.5.7 混凝土坍落度、维勃稠度的质量检查应符合下列规定：

1 坍落度和维勃稠度的检验方法,应符合现行国家标准《普通混凝土拌合物性能试验方法标准》GB/T 50080 的规定。

2 坍落度、维勃稠度的允许偏差应符合表 7.5.7 的规定。

3 预拌混凝土的坍落度检查应在交货地点进行。

4 坍落度大于 220mm 的混凝土,可根据需要测定其坍落扩展度,扩展度的允许偏差为±30mm。

表 7.5.7　混凝土坍落度、维勃稠度的允许偏差

坍落度(mm)			
设计值	≤40	50～90	≥100
允许偏差	±10	±20	±30
维勃稠度(s)			
设计值(5)	≥11	10～6	≤5
允许偏差(5)	±3	±2	±1

7.5.8 掺引气剂或引气型外加剂的混凝土拌合物,应按现行国家标准《普通混凝土拌合物性能试验方法标准》GB/T 50080 的规

定检验含气量,含气量宜符合表 7.5.8 的规定。

表 7.5.8 混凝土含气量限值

粗骨料最大公称粒径(mm)	混凝土含气量(%)
20	≤5.5
25	≤5.0
40	≤4.5

8 现浇结构工程

8.1 一般规定

8.1.1 混凝土浇筑前应完成下列工作：

1 根据施工方案中的技术要求，检查并确认施工现场具备实施条件。

2 对操作人员进行技术交底。

3 应依据设计图纸进行技术复核。

4 应依据设计图纸进行隐蔽工程验收。

8.1.2 混凝土拌合物入模温度不应低于5℃，且不应高于35℃。

8.1.3 混凝土输送、浇筑过程中严禁加水，散落的混凝土严禁用于混凝土结构构件的浇筑，其坍落度应符合设计或施工方案的要求。

8.1.4 混凝土应布料均衡。应对模板及支架进行观察和维护，发生异常情况应立即进行处理。混凝土浇筑和振捣应采取防止模板、钢筋、钢构、预埋件及其定位件移位的措施。

8.1.5 结构混凝土的强度等级必须符合设计要求。用于检查结构构件混凝土强度的试件，应在混凝土的浇筑地点随机分次抽取。取样与试件留置应符合下列规定：

1 每拌制不超过100m³的同配合比的混凝土，取样不得少于1次。

2 当一次连续浇筑超过1000m³时，同一配合比的混凝土每200m³取样不得少于1次。

3 每一楼层、同一配合比的混凝土，取样不得少于1次。

4 每次取样应至少留置1组标准养护试件，同条件养护试件的留置组数应根据实际需要确定。

    5 试件应嵌入唯一性识别标识。

8.1.6 对有抗渗要求的混凝土结构,其抗渗试件应在浇筑地点随机取样。连续浇筑混凝土 500m^3 应留置 1 组抗渗试块;同一配合比的混凝土,取样不应少于 1 次,且每项工程不得少于 2 组。

8.1.7 监理单位应对混凝土结构工程进行平行检测。

8.2 混凝土输送

8.2.1 混凝土输送宜采用泵送方式。

8.2.2 混凝土输送泵的选择及布置应符合下列规定:

    1 输送泵的选型应根据工程特点、混凝土输送高度和距离、混凝土工作性确定。

    2 输送泵的数量应根据混凝土供应能力、浇筑量、施工条件和浇筑时间要求确定;必要时,应设置备用泵。

    3 输送泵设置的位置应满足施工要求,场地应平整、坚实,混凝土运输通道应畅通。

    4 输送泵的作业范围内不得有阻碍物,且应有防范高空坠物的设施。

    5 应验算输送泵的基础承载能力。

8.2.3 混凝土输送泵管与支架的设置应符合下列规定:

    1 混凝土输送泵管应根据输送泵的型号、拌合物性能、总输出量、单位输出量、输送距离、输送高度以及粗骨料粒径等进行选择。

    2 混凝土粗骨料最大粒径不大于 25mm 时,可采用内径不小于 125mm 的输送泵管;混凝土粗骨料最大粒径不大于 40mm 时,可采用内径不小于 150mm 的输送泵管。

    3 竖向输送泵管的设置位置应便于检修和维护。

    4 输送管线宜采用直管,转弯时宜平缓转向,接头应严密;

如管道向下倾斜,应采取防止混入空气产生阻塞的措施。

5 输送泵管应采用支架固定,支架应与结构牢固连接,输送泵管转向处支架应加密;支架应通过计算确定,设置位置的结构应进行验算,并应根据验算结果采取加固措施。

6 向上输送混凝土时,地面水平输送泵管的直管和弯管总的折算长度不宜小于竖向输送高度的 20%,且不宜小于 15m。

7 输送泵管倾斜或垂直向下输送混凝土,且高差大于 20m 时,应在倾斜或竖向管下端设置直管或弯管,直管或弯管总的折算长度不宜小于高差的 1.5 倍。

8 输送高度大于 100m 时,混凝土输送泵出料口处的输送泵管位置应设置截止阀。

9 混凝土输送泵管及其支架应定期进行检查和维护。

8.2.4 混凝土输送布料设备的设置应符合下列规定:

1 布料设备的选择应与输送泵相匹配;布料设备的混凝土输送管内径宜与混凝土输送泵管内径相同。

2 布料设备的数量及位置应根据布料设备工作半径、施工作业面大小以及施工要求确定。

3 布料设备应安装牢固,且应采取抗倾覆措施。布料设备安装位置处的结构或专用装置应进行验算,并应根据验算结果采取相应加固措施。

4 应经常对布料设备的弯管壁厚进行检查,磨损较大的弯管应更换。

5 布料设备作业范围不得有阻碍物,并应有防范高空坠物的设施。

6 采用移动式布料设备放置在施工作业面浇筑混凝土时,布料设备位置下的模板支撑结构应进行专项加固。

7 采用壁挂和井道自升式布料设备时,应对附墙处的结构进行验算,并应根据验算结果采取加固措施。

8.2.5 输送混凝土的管道、容器、溜槽不应吸水、漏浆,并应保证输送通畅。输送混凝土时,应根据工程所处环境条件采取保温、隔热、防雨等措施。

8.2.6 泵送混凝土应符合下列规定:

　　1 应先进行泵水检查,并应湿润输送泵的料斗、活塞等直接与混凝土接触的部位;泵水检查后,应清除输送泵内积水。

　　2 输送混凝土前,应先用与混凝土相同配合比的水泥砂浆润滑输送管内壁,然后开始输送混凝土。

　　3 输送混凝土应先慢后快、逐步加速,应在系统运转顺利后再按正常速度输送。

　　4 输送混凝土过程中,应设置输送泵集料斗网罩,并应保证集料斗有足够的混凝土余量。

8.2.7 吊车配备斗容器输送混凝土应符合下列规定:

　　1 应根据结构类型以及混凝土浇筑方法选择斗容器。

　　2 斗容器的容量应根据吊车吊运能力确定。

　　3 运输至施工现场的混凝土宜直接装入斗容器进行输送。

　　4 斗容器宜在浇筑点直接布料。

8.2.8 升降设备配备小车输送混凝土应符合下列规定:

　　1 升降设备和小车的配备数量、小车行走路线及卸料点位置应能满足混凝土浇筑需要。

　　2 运输至施工现场的混凝土宜直接装入小车进行输送,小车宜在靠近升降设备的位置进行装料。

8.3 混凝土浇筑

8.3.1 浇筑混凝土前,应清除模板内或垫层上的杂物。表面干燥的地基、垫层、模板上应洒水湿润;现场环境温度高于35℃时,宜对金属模板进行洒水降温;洒水后不得留有积水。

8.3.2 混凝土浇筑应保证混凝土的均匀性和密实性。

8.3.3 混凝土应分层浇筑,分层厚度应符合本标准第8.4.6条的规定,上层混凝土应在下层混凝土初凝之前浇筑完毕。

8.3.4 混凝土运输、输送入模的过程应保证混凝土连续浇筑,从运输到输送入模的延续时间不宜超过表 8.3.4-1 的规定,且不应超过表 8.3.4-2 的规定。掺早强型减水剂、早强剂的混凝土,以及有特殊要求的混凝土,应根据设计及施工要求,通过试验确定允许时间。

表 8.3.4-1 运输到输送入模的延续时间(min)

条件	气温	
	≤25℃	>25℃
不掺外加剂	≤90	≤60
掺外加剂	≤150	≤120

表 8.3.4-2 运输、输送入模及其间歇总的时间限值(min)

条件	气温	
	≤25℃	>25℃
不掺外加剂	180	150
掺外加剂	240	210

8.3.5 泵送混凝土浇筑应符合下列规定:

  1 宜根据结构形状及尺寸、混凝土供应、混凝土浇筑设备、场地内外条件等划分每台输送泵的浇筑区域及浇筑顺序。

  2 采用输送管浇筑混凝土时,宜由远而近浇筑;采用多根输送管同时浇筑时,其浇筑速度宜保持一致。

  3 润滑输送管的水泥砂浆用于湿润结构施工缝时,水泥砂浆应与混凝土浆液成分相同;接浆厚度不应大于 30mm,多余水泥砂浆应收集后运出。

  4 混凝土泵送浇筑应连续进行;当混凝土不能及时供应时,应采取间歇泵送方式。

  5 泵管出料口处的混凝土不应堆积过高,防止模板支撑超载坍塌。

6 混凝土浇筑后,应清洗输送泵和输送管。

8.3.6 混凝土浇筑的布料点宜接近浇筑位置,应采取减少混凝土下料冲击、反涌的措施,并应符合下列规定:

1 宜先浇筑竖向结构构件,后浇筑水平结构构件。

2 结构面标高差异较大处,宜按低标高位置的结构先浇筑,高标高位置的结构后浇筑的顺序施工。

3 集水井、电梯井等位置,宜设置抗浮限位、钢丝网片、透气孔等措施。

8.3.7 柱、墙模板内的混凝土浇筑不得发生离析,倾落高度应符合表 8.3.7 的规定;当不能满足要求时,应加设串筒、溜管、溜槽等装置。

表 8.3.7 柱、墙模板内混凝土浇筑倾落高度限值(m)

条件	浇筑倾落高度限值
粗骨料粒径大于 25mm	≤3
粗骨料粒径小于等于 25mm	≤6

注:当有可靠措施能保证混凝土不产生离析时,混凝土倾落高度可不受本表限制。

8.3.8 柱、墙混凝土设计强度等级高于梁、板混凝土设计强度等级时,混凝土浇筑应符合下列规定:

1 柱、墙混凝土设计强度比梁、板混凝土设计强度高一个等级时,柱、墙位置梁、板高度范围内的混凝土可采用与梁、板混凝土设计强度等级相同的混凝土进行浇筑,但是必须经过设计单位确认。

2 柱、墙混凝土设计强度比梁、板混凝土设计强度高两个等级及以上时,应在交界区域采取分隔措施;分隔位置应在低强度等级的构件中,且距高强度等级构件边缘不应小于 500mm。

3 宜先浇筑强度等级高的混凝土,后浇筑强度等级低的混凝土。

8.3.9 施工缝、后浇带的留置位置应在混凝土浇筑前确定。施工缝、后浇带的处理应按施工技术方案执行,超长结构混凝土浇筑应符合下列规定:

1 可留设施工缝分仓浇筑,分仓浇筑间隔时间不应少于7d。

2 当留设后浇带时,后浇带封闭时间不得少于14d。

3 超长整体基础中调节沉降的后浇带,混凝土封闭时间应通过监测确定,应在差异沉降稳定后封闭后浇带。

4 后浇带的封闭时间尚应经设计单位确认。

8.3.10 型钢混凝土结构浇筑应符合下列规定:

1 混凝土粗骨料最大粒径不应大于型钢外侧混凝土保护层厚度的1/3,且不宜大于25mm。

2 浇筑应有足够的下料空间,并应使混凝土充盈整个构件各部位。

3 钢周边混凝土浇筑宜同步上升,混凝土浇筑高差不应大于500mm。

8.3.11 自密实混凝土浇筑应符合下列规定:

1 应根据结构部位、结构形状、结构配筋等确定合适的浇筑方案。

2 自密实混凝土粗骨料最大粒径不宜大于20mm。

3 浇筑应能使混凝土充填到钢筋、预埋件、预埋钢构件周边及模板内各部位。

4 自密实混凝土浇筑布料点应结合拌合物特性选择适宜的间距,必要时可通过试验确定混凝土布料点下料间距。

8.3.12 清水混凝土结构浇筑应符合下列规定:

1 应根据结构特点进行构件分区,同一构件分区应采用同批混凝土,并应连续浇筑。

2 同层或间区内混凝土构件所用材料牌号、品种、规格应一致,并应保证结构外观色泽符合要求。

3 竖向构件浇筑时应控制分层浇筑的间歇时间。

8.3.13 预应力结构混凝土浇筑应符合下列规定：

1 应避免成孔管道破损、移位或连接处脱落，并应避免预应力筋、锚具及锚垫板等移位。

2 预应力锚固区等配筋密集部位应采取保证混凝土浇筑密实的措施。

8.3.14 混凝土浇筑后，在混凝土初凝前和终凝前，宜分别对混凝土裸露表面进行抹面处理。

8.3.15 浇筑混凝土叠合构件应符合下列规定：

1 在主要承受静力荷载的梁中，预制构件的叠合面应有凹凸差不小于6mm的粗糙面，并不得疏松和有浮浆。

2 当浇筑叠合板时，预制板的表面应有凹凸不小于4mm的粗糙面。

3 当浇筑叠合式受弯构件时，应按设计计算要求设置支撑。

8.3.16 浇筑有抗渗要求的地下室外墙混凝土时，应对浇筑流向、泵管位置、混凝土供应采取避免产生冷缝的措施。

8.3.17 竖向构件以及较大尺寸构件的混凝土浇筑应分层进行，不得一次到顶。钢筋密集处，应合理留置振捣孔。

8.4 混凝土振捣

8.4.1 混凝土振捣应能使模板内各个部位混凝土密实、均匀，不应漏振、欠振、过振。

8.4.2 混凝土振捣应采用插入式振动棒、平板振动器或附着振动器，必要时可采用人工辅助振捣。

8.4.3 振动棒振捣混凝土应符合下列规定：

1 应按分层浇筑厚度分别进行振捣，振动棒的前端应插入前一层混凝土中，插入深度不应小于50mm。

2 振动棒应垂直于混凝土表面并快插慢拔均匀振捣；当混凝土表面无明显塌陷、有水泥浆出现、不再冒气泡时，应结束该部位振捣。

3 捣实普通混凝土的移动间距,不宜大于振捣器作用半径的 1.5 倍;捣实轻骨料混凝土的移动间距,不宜大于其作用半径;振动棒与模板的距离不应大于振动棒作用半径的 50%;并应避免碰撞钢筋、模板、芯管、吊环、预埋件等。

8.4.4 平板振动器振捣混凝土应符合下列规定:

1 平板振动器振捣应覆盖振捣平面边角。

2 平板振动器移动间距应覆盖已振实部分混凝土边缘。

3 振捣倾斜表面时,应由低处向高处进行振捣。

4 采用振动台振实干硬性混凝土和轻骨料混凝土时,宜采用加压振动的方法,压力为 $1 kN/m^2 \sim 3kN/m^2$。

8.4.5 附着振动器振捣混凝土应符合下列规定:

1 附着振动器应与模板紧密连接,设置间距应通过试验确定。

2 附着振动器应根据混凝土浇筑高度和浇筑速度,依次从下往上振捣。

3 模板上同时使用多台附着振动器时,应使各振动器的频率一致,并应交错设置在相对面的模板上。

8.4.6 混凝土分层振捣的最大厚度应符合表 8.4.6 的规定。

表 8.4.6　混凝土分层振捣的最大厚度

振捣方法	混凝土分层振捣最大厚度
振动棒	振动棒作用部分长度的 1.25 倍
表面振动器	200mm
附着振动器	根据设置方式,通过试验确定

8.4.7 特殊部位的混凝土应采取下列加强振捣措施:

1 宽度大于 0.3m 的预留洞底部区域,应在洞口两侧进行振捣,并应延长振捣时间;宽度大于 0.8m 的洞口底部,应采取特殊的技术措施。

2 后浇带及施工缝边角处应加密振捣点,并应延长振捣时间。

3 钢筋密集区域或型钢与钢筋结合区域,应合理留置振捣孔,选择小型振动棒辅助振捣、加密振捣点,并应延长振捣时间。

4 基础大体积混凝土浇筑流淌形成的坡脚,不得漏振。

8.5 混凝土养护

8.5.1 混凝土浇筑完成后,应根据拌制混凝土的水泥品种、外掺剂类型、混凝土构件的特点和气温等情况,确定不同的养护方式及养护时间。

8.5.2 混凝土应按施工技术方案采取养护措施,并应符合下列规定:

1 浇筑完毕后应对混凝土加以覆盖并保湿养护。

2 对采用硅酸盐水泥、普通硅酸盐水泥或矿渣硅酸盐水泥拌制的混凝土,浇水养护时间不得少于 7d;对重要构件、掺用缓凝型外加剂或有抗渗要求的混凝土或高强混凝土以及后浇带位置,浇水养护时间不得少于 14d。

3 浇水次数应能保持混凝土处于湿润状态;混凝土养护用水应符合现行行业标准《混凝土用水标准》JGJ 63 的有关规定。

4 采用塑料薄膜覆盖养护的混凝土,其敞露的全部表面应覆盖严密,并应保持塑料薄膜内有凝结水。

5 混凝土强度达到 1.2MPa 前,不得在其上踩踏或安装模板及支架。

6 在养护期间,不得在楼板上集中堆载。确要集中堆载时,楼板下应按照设计计算设置支撑。

7 当日平均气温低于 5℃时,不得浇水。

8 当采用其他品种水泥时,混凝土的养护时间应根据所采用水泥的技术性能确定。

9 混凝土表面不便浇水或使用塑料薄膜时,宜喷涂养护剂。

10 在冬季,宜采取保温措施,在塑料薄膜上还应增加保温覆盖材料,覆盖物的层数应按施工方案确定。

8.5.3 高性能混凝土宜用塑料薄膜覆盖,应使薄膜紧贴混凝土表面,应在初凝后掀开塑料薄膜,并用木抹子搓平表面,且至少搓2遍。混凝土搓完后应继续覆盖,待其终凝后应浇水养护。

8.5.4 柱、墙混凝土养护方法应符合下列规定:

1 地下室底层和上部结构首层柱、墙混凝土带模养护时间,不应少于3d;带模养护结束后,可采用洒水养护方式继续养护,也可采用覆盖养护或喷涂养护剂养护方式继续养护。

2 其他部位柱、墙混凝土可采用洒水养护,也可采用覆盖养护或喷涂养护剂养护。

8.5.5 同条件养护试件的养护条件应与实体结构部位养护条件相同,并应妥善保管。

8.5.6 施工现场应具备混凝土标准试件制作条件,并应设置标准试件养护室或养护箱。标准试件养护应符合现行国家标准《普通混凝土力学性能试验方法标准》GB/T 50081 的规定。

8.6 混凝土施工缝与后浇带

8.6.1 施工缝、后浇带的留置位置应在混凝土浇筑前,预先在施工技术方案内明确。

8.6.2 施工缝、后浇带宜留置在结构受剪力较小且便于施工的部位。受力复杂的结构构件或有防水抗渗要求的结构构件,施工缝、后浇带留设位置应经设计单位确认。

8.6.3 水平施工缝的留置位置和方向应符合下列规定:

1 施工缝可留设在基础、楼层结构顶面,柱施工缝与结构上表面的距离宜为 0～100mm,墙施工缝与结构上表面的距离宜为0～300mm。

2 施工缝也可留设在楼层结构底面,施工缝与结构下表面的距离宜为 0～50mm;当板下有梁托时,可留设在梁托下 0～20mm。

3 板连成整体的大截面梁,宜留置在板底面以下 20mm～30mm 处。

4 高度较大的柱、墙、梁以及厚度较大的基础,可根据施工需要在其中部留设水平施工缝;当因施工缝留设改变受力状态而需要调整构件配筋时,应经设计单位确认。

8.6.4 竖向施工缝的留置位置和方向应符合下列规定:

1 单向板留置在平行于板的短边的任何位置。

2 有主次梁的楼板宜顺着次梁的方向浇筑,施工缝应留置在次梁跨度的中间 1/3 范围内。

3 墙施工缝宜留置在门洞口过梁跨中 1/3 范围内,也可留在纵横墙的交接处。

4 双向受力楼板、大体积混凝土结构、拱、穹拱、薄壳、蓄水池、斗仓、多层刚架及其他特殊复杂的工程,施工缝的位置应按设计要求留置。

5 楼梯梯段板施工缝宜留置在梯段板跨中 1/3 跨度范围内,当需要留置在其他位置时,应征得设计单位同意。

8.6.5 在设备基础的地脚螺栓范围内施工缝的留置位置,应符合下列规定:

1 水平施工缝应低于地脚螺栓底端,其与地脚螺栓底的距离应大于150mm。当地脚螺栓直径小于30mm 时,水平施工缝可留置在不小于地脚螺栓埋入混凝土部分总长度的 3/4 处。

2 竖向施工缝与地脚螺栓中心线间的距离不得小于250mm,且不得小于螺栓直径的 5 倍。

8.6.6 承受动力作用的设备基础的施工缝留置应符合下列规定:

1 标高不同的两个水平施工缝,其高低接合处应留置成台阶形,台阶的高宽比不得大于 1.0。

2 竖向施工缝和台阶式施工缝的垂直面上应补插钢筋,插筋数量和规格应由设计单位确定。

3 施工缝的留置应经过设计单位确定。

8.6.7 施工缝、后浇带留设界面,应垂直于结构构件和纵向受力钢筋。结构构件厚度或高度较大时,施工缝或后浇带界面宜采用专用材料封挡。

8.6.8 混凝土浇筑过程中,因特殊原因需临时设置施工缝时,施工缝留设应规整,并宜垂直于构件表面,表面宜采取增加插筋、事后修凿等技术措施,并应经设计单位确认。

8.6.9 施工缝和后浇带应采取钢筋防锈或阻锈等保护措施。

8.6.10 在施工缝或后浇带处继续浇筑混凝土时,应符合下列规定:

1 已浇筑的混凝土,其强度不应小于 1.2MPa。

2 在浇筑混凝土前,施工缝的混凝土表面应凿毛,在已硬化的混凝土表面上,应清除水泥薄膜和松动石子以及软弱混凝土层,并加以充分湿润和冲洗干净,且不得积水。

3 后浇带混凝土强度等级及性能应符合设计要求;当设计无具体要求时,后浇带混凝土强度等级宜比两侧混凝土提高一级,并宜采用减少收缩的技术措施。

4 混凝土应振捣密实,新旧混凝土应紧密结合。

5 承受动力作用的设备基础的水平施工缝继续浇筑混凝土前,应对地脚螺栓进行一次观测校准。

8.7 大体积混凝土裂缝控制

8.7.1 大体积混凝土施工应采取控温、测温、保温等控制裂缝的技术措施。大体积混凝土宜采用后期强度作为配合比设计、强度评定及验收的依据。基础混凝土,确定混凝土强度的龄期可取 60d(56d)或 90d;柱、墙混凝土强度等级不低于 C80 时,确定混凝土强度的龄期可取 60d（56d）。确定混凝土强度时采用大于 28d 的龄期时，龄期应经设计单位确认。

8.7.2 大体积混凝土施工前，应对混凝土浇筑体最大温升值进行估算。

8.7.3 基础大体积混凝土结构施工应符合下列规定：

1 混凝土入模温度不宜大于 30℃；混凝土浇筑体最大温升值不宜大于 50℃。

2 采用多条输送泵管浇筑时，输送泵管间距不宜大于 10m，并宜由远及近浇筑。

3 采用汽车布料杆输送浇筑时，应根据布料杆工作半径确定布料点数量，各布料点浇筑速度应保持均衡。

4 宜先浇筑深坑部分再浇筑大面积基础部分。

5 宜采用斜面分层浇筑方法，也可采用全面分层、分块分层浇筑方法，层与层之间混凝土浇筑的间歇时间应能保证混凝土浇筑连续进行。

6 混凝土分层浇筑应采用自然流淌形成斜坡，并应沿高度均匀上升，分层厚度不宜大于 500mm。

7 大体积混凝土振捣时应在混凝土流淌形成的坡顶和坡脚各设置一道振捣器。

8 抹面处理应符合本标准第 8.3.14 条的规定，抹面次数宜增加。

9 应有排除积水或混凝土泌水的技术措施。

8.7.4 基础大体积混凝土养护应符合下列规定：

1 养护时间应根据施工方案确定。

2 裸露表面应采用覆盖养护或带模养护方式；当混凝土浇筑体表面以内 40mm～100mm 位置的温度与环境温度的差值小于 25℃时，可结束覆盖养护。覆盖养护结束但尚未达到养护时间要求时，可采用洒水养护方式直至养护结束。

8.7.5 基础大体积混凝土测温点设置应符合下列规定:

1 宜选择具有代表性的两个交叉竖向剖面进行测温,竖向剖面交叉位置宜通过基础中部区域。

2 每个竖向剖面的周边及以内部位应设置测温点,两个竖向剖面交叉处应设置测温点;混凝土浇筑体表面测温点应设置在保温覆盖层底部或模板内侧表面,并应与两个剖面上的周边测温点位置及数量对应;环境测温点不应少于2处。

3 每个剖面的周边测温点应设置在混凝土浇筑体表面以内40mm~100mm位置处;每个剖面的测温点宜竖向、横向对齐;每个剖面竖向设置的测温点不应少于3处,间距不应小于0.4m且不宜大于1.0m;每个剖面横向设置的测温点不应少于4处,间距不应小于0.4m且不应大于10m。

4 对基础厚度不大于1.6m,裂缝控制技术措施完善的工程,可不进行测温。

8.7.6 柱、墙、梁大体积混凝土测温点设置应符合下列规定:

1 柱、墙、梁结构实体最小尺寸大于2m,且混凝土强度等级不低于C60时,应进行测温。

2 宜选择沿构件纵向的两个横向剖面进行测温,每个横向剖面的周边及中部区域应设置测温点;混凝土浇筑体表面测温点应设置在模板内侧表面,并应与两个剖面上的周边测温点位置及数量对应;环境测温点不应少于1处。

3 每个横向剖面的周边测温点应设置在混凝土浇筑体表面以内40mm~100mm位置处;每个横向剖面的测温点宜对齐;每个剖面的测温点不应少于2处,间距不应小于0.4m且不宜大于1.0m。

4 可根据第一次测温结果,完善温差控制技术措施,后续施工可不进行测温。

8.7.7 大体积混凝土测温应符合下列规定:

1 宜根据每个测温点被混凝土初次覆盖时的温度确定各测

点部位混凝土的入模温度。

2 浇筑体周边表面以内测温点、浇筑体表面测温点、环境测温点的测温,应与混凝土浇筑、养护过程同步进行。

3 在覆盖养护或带模养护阶段,混凝土浇筑体表面以内 40mm～100mm 位置处的温度与混凝土浇筑体表面温度差值不应大于 25℃;结束覆盖养护或拆模后,混凝土浇筑体表面以内 40mm～100mm 位置处的温度与环境温度差值不应大于 25℃。

4 混凝土浇筑体内部相邻两测温点的温度差值不应大于 25℃。

5 混凝土降温速率不宜大于 2.0℃/d;当有可靠经验时,降温速率要求可适当放宽。

6 混凝土浇筑体表面以内 40mm～100mm 位置的温度与环境温度的差值小于 20℃时,可停止测温。

7 应按测温频率要求及时提供测温报告,测温报告应包含各测温点的温度数据、温差数据、代表点位的温度变化曲线、温度变化趋势分析等内容。

8.7.8 大体积混凝土测温频率应符合下列规定:

1 第 1 天至第 4 天,每 4h 不应少于 1 次。

2 第 5 天至第 7 天,每 8h 不应少于 1 次。

3 第 7 天至测温结束,每 12h 不应少于 1 次。

8.8 钢管混凝土施工

8.8.1 钢管混凝土配合比应根据混凝土设计等级计算,并通过试验后确定。

8.8.2 钢管混凝土宜采用自密实混凝土浇筑,并采取减少收缩的技术措施。

8.8.3 钢管混凝土施工前,宜通过现场实样试验确定施工工艺。

8.8.4 钢管截面较小时,应在钢管壁适当位置留有足够的排气孔,排气孔孔径不应小于 20mm;浇筑混凝土应加强排气孔观察,并应确认浆体流出和浇筑密实后再封堵排气孔。

8.8.5 当采用粗骨料粒径不大于 25mm 的高流态混凝土或粗骨料粒径不大于 20mm 的自密实混凝土时,混凝土最大倾落高度不宜大于 9m;倾落高度大于 9m 时,宜采用串筒、溜槽、溜管等辅助装置进行浇筑。

8.8.6 钢管混凝土从管顶向下浇筑时应符合下列规定:

1 浇筑应有足够的下料空间,并应使混凝土充盈整个钢管。

2 输送管端内径或斗容器下料口内径应小于钢管内径,且每边应留有不小于 100mm 的间隙。

3 每次浇灌混凝土前应先浇灌一层厚度为 100mm～200mm 的与混凝土相同配合比的水泥砂浆。

4 应控制浇筑速度和单次下料量,并应分层浇筑至设计标高。

5 钢管内的混凝土浇灌工作,宜连续进行,必须间歇时,间歇时间不应超过混凝土的终凝时间。需留施工缝时,应将钢管临时封闭。

6 混凝土浇筑完毕后应对管口进行临时封闭。

8.8.7 混凝土从管底顶升浇筑时应符合下列规定:

1 应在钢管底部设置进料输送管,进料输送管应设止流阀门,止流阀门可在顶升浇筑的混凝土达到终凝后拆除。

2 应合理选择混凝土顶升浇筑设备;应配备上、下方通信联络工具,并应采取控制混凝土顶升或停止的措施。

3 应控制混凝土顶升速度,并均衡浇筑至设计标高。

8.8.8 混凝土的坍落度可根据混凝土的浇灌工艺确定。当采用预拌混凝土时,坍落度不宜小于 100mm,不宜大于 160mm。

8.9 质量标准

8.9.1 混凝土结构施工质量检查可分为过程控制检查和拆模后的实体质量检查。过程控制检查应在混凝土施工全过程中,按施工段划分和工序安排进行;拆模后的实体质量检查应在混凝土表面未作处理和装饰前进行。

8.9.2 混凝土结构施工的质量检查,应符合下列规定:

1 检查的频率、时间、方法和参加检查的人员,应根据质量控制的需要确定。

2 施工单位应对完成施工的部位或成果的质量进行自检,自检应全数检查。

3 混凝土结构施工质量检查应作出记录;返工和修补的构件,应有返工修补前后的记录,并应有图像资料。

4 已完成的隐蔽工程,可检查隐蔽工程验收记录。

5 需要对混凝土结构的性能进行检验时,应委托有资质的检测机构检测,并应出具检测报告。

8.9.3 混凝土浇筑前应检查下列内容:

1 模板位置、尺寸的准确性及其支架的安全性。

2 模板的变形和密封性及必要的表面湿润。

3 模板内杂物清理情况。

4 钢筋及预埋件的规格、数量、位置及固定。

5 钢筋的混凝土保护层厚度。

6 混凝土送料单,核对混凝土配合比,确认混凝土强度等级。

7 大体积混凝土的温度测控点位置、数量及固定。

8.9.4 混凝土浇筑过程中应检查下列内容:

1 混凝土运输时间。

2 混凝土坍落度和扩展度。

3 混凝土入模温度。

4 混凝土输送、浇筑、振捣。

5 混凝土浇筑时模板的变形、漏浆等。

6 混凝土浇筑时钢筋和预埋件位置。

7 混凝土试件制作。

8 混凝土养护。

8.9.5 混凝土结构拆除模板后应检查下列内容：

1 构件的轴线位置、标高、截面尺寸、表面平整度、垂直度。

2 预埋件的数量、位置。

3 构件的外观缺陷。

4 构件的连接及构造做法。

5 结构的轴线位置、标高、全高垂直度。

8.9.6 混凝土结构拆模后实体质量检查方法与判定，应符合现行国家标准《混凝土结构工程施工质量验收规范》GB 50204 的规定。

9 装配式结构工程

9.1 一般规定

9.1.1 装配式结构施工前应编制专项施工方案,专业施工单位应根据设计文件进行深化设计,施工方案应包括下列内容:

 1 结构总体施工安排。

 2 预制构件生产及运输与堆放。

 3 预制构件安装与连接施工。

 4 节点处理及防水施工。

 5 与其他有关分项工程的配合。

 6 施工质量要求与质量保证措施。

 7 成品保护措施。

 8 施工过程的安全要求和安全保证措施。

 9 施工现场管理机构和质量管理措施。

9.1.2 装配式结构工程的预制构件、钢材与钢筋、混凝土、保温材料、防水材料、灌浆材料等其他材料除应符合设计规定外,尚应符合现行国家标准《混凝土结构工程施工质量验收规范》GB 50204、行业标准《装配式混凝土结构技术规程》JGJ 1 以及上海市工程建设规范《装配整体式混凝土结构施工及质量验收规范》DGJ 08-2117 和《装配整体式混凝土结构预制构件制作与质量检验规程》DG/TJ 08-2069 的规定。

9.1.3 装配式混凝土结构的施工全过程应对预制构件设置标识,应采取措施防止预制构件破损或受到污染。

9.2 施工验算

9.2.1 装配式结构施工前应按设计要求和施工方案进行施工验算。施工验算应包括下列内容：

1 预制构件脱模、翻转过程中混凝土强度、构件承载力、构件变形以及吊具、预埋吊件的承载力验算等。

2 预制构件运输、码放及吊装过程中按吊装工况承载力验算。

3 预制构件安装过程中施工临时荷载作用下构件支架系统和临时固定装置的承载力验算。

9.2.2 装配式结构工程预制构件在脱模、翻转、运输、安装等各工况的施工验算，应将构件自重标准值乘以脱模吸附系数或动力系数后作为等效静力荷载标准值，并应符合下列规定：

1 脱模吸附系数宜取 1.5 或根据构件和模具表面状况按表 9.2.2 取用。

2 构件吊运、运输时，动力系数宜取 1.5；构件翻转及安装过程中就位、临时固定时，动力系数可取 1.2。

3 当有可靠经验时，脱模吸附系数和动力系数可根据实际受力情况和安全要求适当增减。

表 9.2.2 脱模吸附系数

预制构件型式	模具表面光洁度	
	涂阻滞剂外露骨料	涂油光滑模板
带活动侧模的平板，无槽口或槽边	1.2	1.3
带活动侧模的平板，有槽口或槽边	1.3	1.4
凹槽板	1.4	1.6
雕塑面板	1.5	1.7

9.2.3 叠合式受弯构件尚应符合现行国家标准《混凝土结构设计规范》GB 50010 的有关规定。进行后浇叠合层混凝土施工阶段验算时,叠合楼盖的施工活荷载取值不宜小于 $1.5kN/m^2$。

9.3 构件制作

9.3.1 预制构件制作前应进行深化设计,深化设计应经过结构设计单位审核确认。深化设计应包括下列内容:

1 预制构件模板图、配筋图、预埋吊件及埋件的细部构造图等。

2 带饰面砖或饰面板构件的排砖图或排板图。

3 复合保温墙板的连接件布置图及保温板排板图。

9.3.2 预制构件模具除应满足强度、刚度和整体稳定性要求外,尚应满足预制构件预留孔、插筋、预埋吊件及其他预埋件的安装定位要求。模具设计应满足预制构件质量、生产工艺、模具组装与拆卸、周转次数等要求。跨度较大的预制构件的模具应根据设计要求预设反拱。

9.3.3 预制构件模具尺寸、钢筋网或钢筋骨架、预埋件加工及安装固定的允许偏差应符合现行行业标准《装配式混凝土结构技术规程》JGJ 1 的规定。

9.3.4 构件制作宜采用钢筋定位件控制混凝土的保护层厚度满足设计或标准要求。

9.3.5 面砖或石材饰面的预制构件宜采用反打一次成型工艺制作,带保温材料的预制构件宜采用平模工艺成型,预制构件的门窗框、预埋管线应在浇筑混凝土前预先放置并固定,采取保护措施,避免窗体表面及预埋管线的污染及破损。

9.3.6 带保温材料的预制构件宜采用水平浇筑方式成型。采用夹芯保温的预制构件,宜采用专用连接件连接内外两层混凝土,其数量和位置应符合设计要求。

9.3.7 构件混凝土应采用强制式搅拌机搅拌均匀,宜采用机械振捣方式成型。

9.3.8 预制构件采用自然养护时,应符合现行国家标准《混凝土结构工程施工规范》GB 50666、《混凝土结构工程施工质量验收规范》GB 50204 的要求。

9.3.9 预制构件采用加热养护时,应按养护制度要求控制静停、升温、恒温和降温时间,升降温速度不宜超过 20℃/h,最高养护温度不宜超过 60℃。

9.3.10 预制构件脱模起吊时,所需的混凝土立方体抗压强度应根据设计要求或生产条件确定,且不应小于 $15N/mm^2$;预应力混凝土构件张拉时的混凝土立方体抗压强度不宜小于设计混凝土强度等级值的 75%,预制构件应在预应力筋张拉并灌浆后起吊,起吊时同条件养护的水泥浆试块抗压强度不宜小于 15MPa。

9.3.11 采用现浇混凝土或砂浆连接的预制构件,其结合面制作时应按设计要求进行处理,设计无具体要求时,宜进行拉毛或凿毛处理,也可采用露骨料粗糙面。

9.4 运输与存放

9.4.1 预制构件的运输应制订计划及方案,内容应包含运输时间、次序、存放场地、运输线路、固定要求、码放支垫及成品保护措施。对于超高、超宽、形状特殊的大型构件的运输和码放应采取专门质量安全保证措施。

9.4.2 构件堆放应符合下列规定:

1 存放场地应平整、坚实,并应有排水措施;码放构件的支垫应坚实。

2 预制构件的码放应预埋吊件向上,标志向外;垫木或垫块在构件下的位置宜与脱模、吊装时的起吊位置一致。

3 重叠堆放构件时,每层构件间的垫木或垫块应在同一垂直线上。

    4 堆垛层数应根据构件与垫木或垫块的承载能力及堆垛的稳定性确定。

9.4.3 预制构件的运输车辆应满足构件尺寸和载重的要求,装车运输时应符合下列要求:

    1 运输时应采取绑扎固定措施,防止构件移动或倾倒。

    2 运输竖向薄壁构件时应根据需要设置临时支架。

    3 对构件边角部或链索接触处的混凝土,宜采用垫衬加以保护。

9.4.4 墙板的堆放和运输应符合下列规定:

    1 平面墙板可根据施工要求选择叠层平放的方式运输。

    2 复合保温或形状特殊的墙板宜采用插放架或靠放架直立堆放及运输,插放架、靠放架应具有足够的强度和刚度,并应支垫稳固。

    3 对采用靠放架立放的构件,宜对称靠放且外饰面朝外,与地面倾斜角度宜大于80°,构件上部宜采用木垫块隔离。

9.5 安装与连接

9.5.1 装配式结构的施工吊装机具应满足吊装重量、构件尺寸及作业半径等施工要求,吊具应符合国家现行相关标准的有关规定,并应根据工期要求以及工程量、机械设备等现场条件,在确保安全的前提下,组织立体交叉、均衡有效的安装施工流水作业。

9.5.2 安装前应复核装配式结构连接构造,包括装配位置、节点连接构造及临时支撑等,并应对预制构件安装位置进行测量定位。

9.5.3 预制构件应按施工方案要求的顺序进行吊装。预制构件吊装就位并校准定位后,应设置临时支撑或采取临时固定措施。

9.5.4 受弯叠合构件的装配施工应符合下列规定:

    1 受弯叠合构件的支撑应根据设计要求或施工方案设置,支撑标高除应符合设计规定外,尚应考虑支承系统本身的施工变形。

2 施工荷载不应超过设计规定,单个预制楼板不应承受较大的集中荷载,未经设计允许不得对预制楼板进行切割、开洞。

3 叠合构件后浇混凝土层施工前,应按设计要求检查结合面粗糙度,检查并校正预制构件的外露钢筋。

4 叠合构件在混凝土强度达到设计要求后,应在施工前按设计要求检查结合面粗糙度和预制构件的外露钢筋等内容。

9.5.5 外墙挂板应按设计要求安装,不得在墙板四周的接缝内放置或填充硬质垫块等刚性材料。

9.5.6 装配式结构节点及接缝处的纵向钢筋连接施工应符合下列要求:

1 采用机械连接时,应符合现行行业标准《钢筋机械连接技术规程》JGJ 107 的规定。

2 采用套筒灌浆连接时,应符合现行行业标准《钢筋套筒灌浆连接应用技术规程》JGJ 355 的规定。

3 采用焊接连接时可按现行行业标准《钢筋焊接及验收规程》JGJ 18 或现行国家标准《钢结构施工质量及验收规范》GB 50205 的规定执行,应采取相应技术措施,避免因连续施焊引起预制构件及连接部位混凝土开裂。

4 采用浆锚搭接连接时,搭接连接长度、配置箍筋形式、箍筋直径和间距应符合现行行业标准《装配式混凝土结构技术规程》JGJ 1 的规定。

9.5.7 装配式构件采用焊接或螺栓连接时,钢筋锚固及钢筋连接长度应满足设计要求,钢筋连接施工应符合本标准第 5.5 节及现行国家标准《混凝土结构工程施工质量验收规范》GB 50204、《混凝土结构设计规范》GB 50010 的规定,并应按设计要求对外露铁件采取防腐和防火措施。

9.5.8 装配式结构采用现浇混凝土或砂浆连接构件时,应符合下列规定:

1 构件连接处现浇混凝土或砂浆的强度及收缩性能应满足

设计要求。设计无具体要求时,应符合下列规定:

1)承受内力的连接处应采用混凝土浇筑,混凝土强度等级值不应低于连接处构件混凝土强度设计等级值的较大值;

2)非承受内力的连接处可采用混凝土或砂浆浇筑,其强度等级不应低于 C15 或 M15;

3)混凝土粗骨料最大粒径不宜大于连接处最小尺寸的 1/4。

2 浇筑前,应清除浮浆、松散骨料和污物,并宜洒水湿润。

3 连接节点、水平拼缝应连续浇筑;竖向拼缝可逐层浇筑,每层浇筑高度不宜大于 2m,应采取保证混凝土或砂浆浇筑密实的措施。

9.5.9 装配式混凝土结构的后浇混凝土或灌浆节点应根据施工方案要求的顺序施工。节点处混凝土或灌浆料强度及收缩性能等应满足设计要求,施工时还应符合下列规定:

1 节点处混凝土或灌浆应连续灌满并确保密实。

2 后浇混凝土或灌浆料养护期间严禁扰动,应在达到设计规定的强度后才能进行上部结构吊装施工或拆除支撑。

9.6 质量标准

9.6.1 装配式结构工程质量标准及检查应按现浇混凝土结构的现行国家标准《混凝土结构工程施工质量验收规范》GB 50204、《混凝土结构工程施工规范》GB 50666 的规定执行。

9.6.2 装配式混凝土结构尺寸安装允许偏差应符合表 9.6.2 的规定。

表 9.6.2 装配式混凝土结构的安装尺寸允许偏差

检查项目		允许偏差(mm)
柱、墙等竖向结构构件	标高	±5
	中心线位置	5
	垂直度	$l/500$
梁、楼板等水平构件	中心线位置	5
	标高	±5
外墙装饰面	板缝宽度	±5
	通常缝直线度	5
	接缝高差	3

9.6.3 安装连接节点连接、接缝防水施工质量应满足设计要求,质量标准应符合现行上海市工程建设规范《装配整体式混凝土结构预制构件制作与质量检验规程》DG/TJ 08-2069 的相关规定。

9.6.4 预制构件的外观质量不应有严重缺陷,预制构件不得存在影响结构性能或装配、使用功能的尺寸偏差,预制构件尺寸允许偏差应符合表 9.6.4 的规定。

表 9.6.4 预制构件尺寸允许偏差

项次	检验项目	允许偏差(mm)
外墙板	高	±3
	宽	±3
	厚	±3
	对角线差	5
	翘曲	4
	侧向弯曲	$l/1000$
	面弯	$l/1000$
	内表面平整	4
	外表面平整	3

续表 9.6.4

项次		检验项目	允许偏差(mm)
梁、柱、叠合板 楼梯、阳台等		高	±5
		宽	±5
		厚	±3
		侧弯	$l/750$
		表面平整	4
预埋件	预埋板	中心位置偏移	5
		与混凝土面平面高差	2
	预埋螺栓 （螺母）	中心位置偏移	3
		外露长度	-5,10
	预留孔洞	中心位置偏移	5
		尺寸	±3
	预埋套筒	中心位置偏移	2

10 冬期、高温与雨期施工

10.1 冬期施工

10.1.1 当室外日平均气温连续 5d 稳定低于 5℃时,应采取冬期施工措施;当室外日平均气温连续 5d 稳定高于 5℃时,可解除冬期施工措施。当混凝土未达到受冻临界强度而气温骤降至 0℃以下时,应按冬期施工的要求采取应急防护措施。工程越冬期间,应采取保温措施。

10.1.2 冬期施工混凝土宜采用硅酸盐水泥或普通硅酸盐水泥;采用蒸汽养护时,宜采用矿渣硅酸盐水泥。

10.1.3 冬期施工时,混凝土受冻临界强度应符合下列规定:

  1 采用硅酸盐水泥或普通硅酸盐水泥配制的普通混凝土,应为设计的混凝土强度等级值的 30%;强度等级大于等于 C50 的混凝土,不宜低于设计混凝土强度等级值的 30%;采用矿渣硅酸盐水泥配制的混凝土,应为设计的混凝土强度等级值的 40%;有抗渗要求的混凝土,不宜小于设计混凝土强度等级值的 50%;有抗冻耐久性要求的混凝土,不宜低于设计混凝土强度等级值的 70%。

  2 掺用防冻剂的混凝土,当环境最低气温不低于 −10℃时,不得小于 3.5N/mm^2。

  3 当采用蓄热法、暖棚法、加热法施工时,采用硅酸盐水泥、普通硅酸盐水泥配制的混凝土,不应低于设计混凝土强度等级值的 30%;采用矿渣硅酸盐水泥、粉煤灰硅酸盐水泥、火山灰质硅酸盐水泥、复合硅酸盐水泥配制的混凝土时,不应低于设计混凝土强度等级值的 40%。

4 当采用暖棚法施工的混凝土中掺入早强剂时,可按综合蓄热法受冻临界强度取值。

5 当施工需要提高混凝土强度等级时,应按提高后的强度等级确定受冻临界强度。

10.1.4 混凝土运输、输送机具及泵管应采取保温措施。当采用泵送工艺浇筑时,应采用水泥浆或水泥砂浆对泵和泵管进行润滑、预热。混凝土运输、输送与浇筑过程中应进行测温,其温度应满足热工计算的要求。混凝土浇筑前,应清除地基、模板和钢筋上的冰雪和污垢,并应进行覆盖保温。

10.1.5 预应力混凝土的孔道灌浆,应在常温下进行。养护完毕的水泥浆或砂浆强度不应小于 $15.0N/mm^2$。

10.1.6 混凝土宜优先采用蓄热法养护,但不得浇水,当室外最低气温不低于 −10℃ 时,可采取措施提高混凝土早期强度,确保混凝土受冻前强度大于临界强度。

10.1.7 掺用防冻剂混凝土的养护应符合下列规定:

1 在负温条件下养护时,严禁浇水且外露表面应覆盖。

2 混凝土的初期养护温度,不得低于防冻剂的规定温度,达不到规定温度时,应立即采取保温措施。

10.1.8 混凝土结构工程冬期施工养护,应符合下列规定:

1 当室外最低气温不低于 −15℃ 时,对地面以下的工程或表面系数不大于 $5m^{-1}$ 的结构,宜采用蓄热法养护,并应对结构易受冻部位加强保温措施;对表面系数为 $5m^{-1} \sim 15m^{-1}$ 的结构,宜采用综合蓄热法养护。采用综合蓄热法养护时,混凝土中应掺加具有减水、引气性能的早强剂或早强型外加剂。

2 对不易保温养护且对强度增长无具体要求的一般混凝土结构,可采用掺防冻剂的负温养护法进行养护。

3 当本条第 1、2 款不能满足施工要求时,可采用暖棚法、蒸汽加热法、电加热法等方法进行养护,但应采取降低能耗的措施。

10.1.9 除应符合本标准规定外,混凝土工程冬期施工尚应符合现行行业标准《建筑工程冬期施工规程》JGJ/T 104 的有关规定；当混凝土中掺入外加剂时，尚应符合现行国家标准《混凝土外加剂应用技术规范》GB 50119 中有关冬期低温施工的规定。

10.1.10 冬期施工混凝土用外加剂，应符合现行国家标准《混凝土外加剂应用技术规范》GB 50119 的有关规定。采用非加热养护方法时，混凝土中宜掺入引气剂、引气型减水剂或含有引气组分的外加剂，混凝土含气量宜控制为 3.0%～5.0%。

10.1.11 用于冬期施工混凝土的粗、细骨料中，不得含有冰、雪冻块及其他易冻裂物质。

10.1.12 冬期施工混凝土配合比，应根据施工期间环境气温、原材料、养护方法、混凝土性能要求等经试验确定，并宜选用较小的水胶比和坍落度。

10.1.13 混凝土拌合物的出机温度不宜低于 10℃，入模温度不应低于 5℃；预拌混凝土或需远距离运输的混凝土，混凝土拌合物的出机温度可根据距离经热工计算确定，但不宜低于 15℃。大体积混凝土的入模温度可根据实际情况适当降低。

10.1.14 混凝土分层浇筑时，分层厚度不应小于 400mm。在被上一层混凝土覆盖前，已浇筑层的温度应满足热工计算要求，且不得低于 2℃。

10.1.15 混凝土浇筑后，对裸露表面应采取防风、保湿、保温措施，对边、棱角及易受冻部位应加强保温。

10.1.16 模板和保温层的拆除除应符合本标准第 4 章及设计要求外，尚应符合下列规定：

　　1 混凝土强度应达到受冻临界强度，且混凝土表面温度不应高于 5℃。

　　2 对墙、板等薄壁结构构件，宜推迟拆模。

10.1.17 混凝土强度未达到受冻临界强度和设计要求时，应继续进行养护。当混凝土表面温度与环境温度之差大于 20℃时，拆模后的混凝土表面应立即进行保温覆盖。

10.1.18 冬期施工混凝土强度试件的留置,除应符合现行国家标准《混凝土结构工程施工质量验收规范》GB 50204 的有关规定外,尚应增加不少于 2 组的同条件养护试件。同条件养护试件应在解冻后进行试验。

10.2 高温施工

10.2.1 当日平均气温达到 30℃及以上时,应按高温施工要求采取措施。

10.2.2 高温施工时,露天堆放的粗、细骨料应采取遮阳防晒等措施,可对粗骨料进行喷雾、洒水降温。

10.2.3 混凝土宜采用白色涂装的混凝土搅拌运输车运输;混凝土输送管应进行遮阳覆盖,并应洒水降温。

10.2.4 混凝土浇筑宜在早间或晚间进行,且应连续浇筑。在高温及大风天气情况下,混凝土水分蒸发较快时,应在施工作业面采取挡风、遮阳、喷雾等措施。

10.2.5 混凝土浇筑前,施工作业面宜采取遮阳措施,并应对模板、钢筋和施工机具采用洒水等降温措施,但浇筑时模板内不得积水。

10.2.6 混凝土浇筑完成后,应进行保湿养护。侧模拆除前宜采用带模湿润养护。

10.3 雨期施工

10.3.1 雨期施工期间,水泥和矿物掺合料应采取防水和防潮措施,应对粗骨料、细骨料的含水率进行监测,并应根据监测结果调整混凝土配合比。

10.3.2 雨期施工期间,应选用具有防雨水冲刷性能的模板脱模剂。

10.3.3 雨期施工期间,混凝土搅拌、运输设备和浇筑作业面应采取防雨措施,并应加强施工机械检查维修及接地接零检测工作。

10.3.4 雨期施工期间,除应采用防护措施外,小雨、中雨天气不宜进行混凝土露天浇筑,且不应进行大面积作业的混凝土露天浇筑;大雨、暴雨天气不应进行混凝土露天浇筑。

10.3.5 雨后应检查地基面的沉降,并应对模板及支架进行检查。

10.3.6 雨期施工期间,应采取防止模板内积水的措施。模板内和混凝土浇筑分层面出现积水时,应在排水后再浇筑混凝土。

10.3.7 混凝土浇筑过程中,因雨水冲刷致使水泥浆流失严重的部位,应采取补救措施后再继续施工。

10.3.8 在雨天进行钢筋焊接时,应采取挡雨等安全措施。

10.3.9 混凝土浇筑完毕后,应采取覆盖塑料薄膜等防雨措施。

10.3.10 台风来临前,应对尚未浇筑混凝土的模板及支架采取临时加固措施;台风结束后,应检查模板及支架,已验收合格的模板及支架应重新办理验收手续。

11 安全控制

11.0.1 混凝土结构施工过程中应按照现行行业标准《建筑施工安全检查标准》JGJ 59、《建筑工程施工现场环境与卫生标准》JGJ 146 的规定执行。

11.0.2 脚手架使用应符合现行行业标准《建筑施工扣件式钢管脚手架安全技术规范》JGJ 130 的规定。

11.0.3 机械使用应符合现行行业标准《建筑机械使用安全技术规程》JGJ 33 的规定。

11.0.4 施工现场临时用电的安全应符合现行行业标准《施工现场临时用电安全技术规范》JGJ 46 和用电专项方案的规定。

11.0.5 安全设施应按相应的规定要求搭设,未经验收合格不得使用。

11.0.6 登高作业时,工具必须放在箱盒或工具袋内,严禁放在模板或脚手板上。

11.0.7 严禁高空作业人员攀登模板或脚手架等,作业人员也不得在高处的墙顶、独立梁及其模板等上面行走。

11.0.8 搭设高度 2m 以上的支撑架体应设置作业人员登高措施。作业面应按有关规定设置安全防护设施。

11.0.9 模板及其支架应为独立的系统,严禁与物料提升机、施工升降机、塔吊等起重设备钢结构架体机身及其附着设施相连接;严禁与施工脚手架、物料周转料平台等架体相连接。

11.0.10 作业人员进行装拆模板时,必须配备稳固的登高工具或脚手架,当高度超过 3.5m 时,必须搭设脚手架。模板装拆过程中,除操作人员外,模板及脚手架下面不得站人;高处作业时,操作人员应挂上安全带。

11.0.11 模板装拆时,应随装拆随转运,不得堆放在脚手板上,严禁抛掷踩撞,中途停歇时,必须把活动部件固定牢靠。

11.0.12 拆除承重模板时,应采取避免突然整块坍落的措施,宜先设立临时支撑,然后进行拆卸。操作人员施工时,不得随意敲打碰撞模板或支撑。

11.0.13 使用电动除锈时,应先检查钢丝刷固定有无松动,检查封闭式防护罩装置、吸尘设备和电气设备的绝缘及接零或接地保护的可靠性。送料时,操作人员应侧身操作,严禁在除锈机前站人,长料除锈应两人操作。

11.0.14 拉直钢筋应卡牢,地锚应牢固,拉筋沿线 2m 区域内严禁人员入内。

11.0.15 绑扎立柱、墙体钢筋和安装骨架,不得站在骨架上和墙体上安装或攀登骨架上下。柱筋高于 4m 以上应搭设作业平台。安装人员宜站在建筑物内侧,严禁操作人员背朝外侧攀在柱筋上操作。

11.0.16 吊运钢筋骨架和半成品时,吊运物下方严禁站人,作业人员必须待吊物降落离地 1m 以内,才能靠近吊运物,待吊运物就位固定后,方可拆除吊钩。

11.0.17 作业人员浇筑框架梁、柱混凝土时,应设置操作平台,不得直接站在模板或支撑上操作。

11.0.18 作业人员使用混凝土振动器时,应穿戴绝缘胶鞋、绝缘手套。电源开关箱及电源线的装拆及电气故障的排除应由电工进行。

11.0.19 泵送混凝土管道的支架必须牢固,泵管应自成体系、不得与脚手架等连接,作业人员不得用肩扛、手抱输送管,应使用溜绳拖曳。混凝土输送前必须试送,泵管检修必须卸压。

11.0.20 浇水养护时,不得倒退浇水作业,应在楼梯口、预留洞口和建筑物边沿设置安全防护设施,防止坠落事故。覆盖养护时,应先将预留孔洞采取措施封盖防护,不得使用覆盖物遮盖未作防护的预留孔洞口。

11.0.21 现场放线切割预应力钢丝、钢绞线应设置专用放线架，避免放线时钢丝、钢绞线跳弹伤人。

11.0.22 预应力梁板的模板体系及拆模时间应符合施工组织设计的规定，预应力梁张拉完成前，梁的支撑不得移动。

11.0.23 张拉时严禁踩踏预应力筋，千斤顶后面不得站人，当预应力筋一端张拉时，另一端也不得站人。在测量预应力筋伸长值或拧紧锚具螺帽时，应停止拉伸，操作人员必须站在千斤顶侧面操作。

12 环境保护

12.1.1 施工单位应制订施工环境保护计划。

12.1.2 施工过程中,应采取建筑垃圾减量化措施。对施工过程中产生的建筑垃圾,应进行分类、统计和处理。

12.1.3 环境保护控制措施应符合现行国家标准《混凝土结构工程施工规范》GB 50666 和《建筑工程绿色施工规范》GB/T 50905 的规定。

12.1.4 作业区应控制扬尘,对施工现场的主要道路,宜进行硬化处理,并应采取覆盖、洒水等控制措施。对可能造成扬尘的露天堆储材料,宜采取扬尘控制措施。

12.1.5 施工过程中,应采取可靠的降低噪声措施。应选用低噪声设备和性能良好的构件装备起吊机械进行施工,并应符合现行国家标准《建筑施工场界环境噪声排放标准》GB 12523 的规定。

12.1.6 施工过程中,应采取光污染控制措施。对电焊等可能产生强光的施工作业,需对施工操作人员采取防护措施,采取避免弧光外泄的遮挡措施,并宜避免在夜间进行电焊作业。对夜间室外照明应加设灯罩,将透光方向集中在施工范围内。对于离居民区较近的施工地段,夜间施工时可设密目网遮挡光线。

12.1.7 对施工过程中产生的污水,应采取沉淀、隔油等措施进行处理,不得直接排放,污水排放应符合现行上海市地方标准《污水综合排放标准》DB 31/199 的有关要求。用于洒水、冲洗等,宜采用非传统水源。

12.1.8 使用脱模剂时,宜选用环保型材料。涂刷模板脱模剂时,应防止洒漏。对含有污染环境成分的脱模剂,使用后剩余的脱模剂及其包装等不得与普通垃圾混放,并应由厂家或有资质的单位回收处理。

12.1.9 混凝土外加剂、养护剂的使用应满足环境保护和人身健康的要求。

12.1.10 进行挥发性有害物质施工时,施工操作人员应采取有效的防护方法,并应配备相应的防护用品。

12.1.11 对不可循环使用的建筑垃圾,应收集到现场封闭式垃圾站,并应清运至有关部门指定的地点。对可循环使用的建筑垃圾,应分类堆放,加强回收利用,并应建立专门台账进行管理。

12.1.12 材料运输和驳运过程中,应保持车辆的整洁。

12.1.13 构件吊装作业、装配时,施工楼层与地面联系不得选用扩音设备,应使用对讲机等低噪音器具或设备。

附录 A 作用在模板及支架上的荷载标准值

A.0.1 模板及其支架自重标准值应根据模板设计图纸确定。对肋形楼板及无梁楼板模板的自重标准值,可按表 A.0.1 取用。

表 A.0.1 楼板模板及支架自重标准值(kN/m^2)

模板构件的名称	木模板	组合钢模板	钢框胶合板模板
平板的模板及小楞	0.30	0.50	0.40
楼板模板(其中包括梁的模板)	0.50	0.75	0.60
楼板模板及其支架(楼层高度为 4m 以下)	0.75	1.10	0.95

A.0.2 新浇混凝土自重标准值,对普通混凝土可采用 $24kN/m^3$,对其他混凝土可根据实际重力密度确定。

A.0.3 钢筋自重标准值应根据设计图纸确定。对一般梁板结构,每立方米钢筋混凝土的钢筋自重标准值应采用下列数值:

    1 框架梁应为 $1.5kN/m^3$。

    2 楼板应为 $1.1kN/m^3$。

A.0.4 施工人员及设备荷载标准值应按照下列规定计算:

    1 计算模板及直接支撑模板的小楞时,对均布荷载应取 $2.5kN/m^2$,另应以集中荷载 2.5kN 再行验算,比较二者所得的弯矩值,按其中较大者采用。

    2 计算直接支承小楞结构构件时,均布活荷载应取 $1.5kN/m^2$。

    3 计算支架立柱及其他支撑结构构件时,均布活荷载应取 $1.0kN/m^2$。

    注:1 对大型浇筑设备如上料平台、布料机、混凝土输送泵等应按实际情况计算。

       2 混凝土堆集料高度超过 100mm 以上的,应按实际高度计算。

3 模板单块宽度小于 150mm 时,集中荷载可分布在相邻的两块板上。

A. 0. 5 振捣混凝土时产生的荷载标准值,对水平面模板可采用 $2.0kN/m^2$;对垂直面模板可采用 $4.0kN/m^2$(作用范围在新浇筑混凝土侧压力的有效压头高度以内)。

A. 0. 6 当采用插入式振动器,浇筑速度不大于 10m/h,且混凝土坍落度不大于 180mm 时,新浇筑混凝土对模板的侧压力(G_4)的标准值,可按公式(A. 0. 6-1)和公式(A. 0. 6-2)计算,并应取其中的较小值:

$$F=0.28\gamma_c t_0 \beta V^{\frac{1}{2}} \qquad (A. 0. 6-1)$$

$$F=\gamma_c H \qquad (A. 0. 6-2)$$

当浇筑速度大于 10m/h 或混凝土坍落度大于 180mm 时,侧压力(G_4)的标准值可按公式(A. 0. 6-2)计算。

式中:F——新浇筑混凝土作用于模板的最大侧压力标准值(kN/m^2)。

γ_c——混凝土的重力密度(kN/m^3)。

t_0——新浇混凝土的初凝时间(h),可按实测确定;当缺乏试验资料时,可采用 $t_0=200/(T+15)$ 计算;T 为混凝土的温度(℃)。

β——混凝土坍落度影响修正系数:坍落度大于 50mm 且不大于 90mm 时, 取 0.85;坍落度大于 90mm 且不大于 130mm 时,β 取 0.9;坍落度大于 130mm 且不大于 180mm 时,β 取 1.0。

V——浇筑速度,取混凝土浇筑高度(厚度)与浇筑时间的比值(m/h)。

H——混凝土侧压力计算位置处至新浇筑混凝土顶面的总高度(m)。混凝土侧压力的计算分布图形如图 A. 0. 6 所示,图中 $h=F/\gamma_c$。

A. 0. 7 倾倒混凝土时对垂直面模板产生的水平荷载标准值可按表 A. 0. 7 取用,除上述荷载外,当水平模板支承的结构的上部继

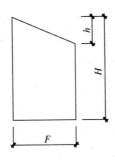

h—有效压头高度;H—模板内混凝土总高度;F—最大侧压力

图 A.0.6　混凝土侧压力分布

续浇筑混凝土时,还应该考虑由其上部传递下来的荷载。

表 A.0.7　倾倒混凝土时产生的水平荷载标准值(kN/m^2)

向模板内供料方法	水平荷载
溜槽、串筒或导管	2
容积小于 $0.2m^3$ 的运输器具	2
容积为 $0.2m^3 \sim 0.8m^3$ 的运输器具	4
容积大于 $0.8m^3$ 的运输器具	6

A.0.8　荷载设计值,计算模板及其支架的荷载设计值,应为荷载标准值乘以相应的荷载分项系数。荷载分项系数按表 A.0.8 取用。

表 A.0.8　模板及其支架荷载分项系数

项次	荷载类别	γ_i
1	模板及其支架自重	1.2
2	新浇混凝土自重	
3	钢筋自重	
4	施工人员及设备荷载	1.4
5	振捣混凝土时产生的荷载	
6	新浇筑混凝土对模板侧面的压力	1.2
7	倾倒混凝土时产生的荷载	1.4

A. 0. 9 泵送混凝土或不均匀堆载等因素产生的附加水平荷载（Q_3）的标准值，可取计算工况下竖向永久荷载标准值的 2%，并应作用在模板支架上端水平方向。

A. 0. 10 风荷载（Q_4）的标准值，可按现行国家标准《建筑结构荷载规范》GB 50009 的规定确定，此时基本风压可按 10 年一遇的风压取值，但基本风压不应小于 $0.20kN/m^2$。

附录 B 常用钢筋的规格和力学性能

B.0.1 钢筋的强度标准值应具有不小于 95％的保证率。普通钢筋的屈服强度标准值、极限强度标准值应按表 B.0.1 采用。

表 B.0.1 普通钢筋强度标准值（N/mm²）

牌号	符号	公称直径 d(mm)	屈服强度标准 f_{yk}	极限强度标准 f_{stk}
HPB300	φ	6～22	300	420
HRB335 HRBF335	$\underline{\Phi}$ $\underline{\Phi}^F$	6～50	335	455
HRB400 HRBF400 RRB400	$\underline{\Phi}$ $\underline{\Phi}^F$ $\underline{\Phi}^R$	6～50	400	540
HRB500 HRBF500	Φ Φ^F	6～50	500	630
CRB600H	ϕ^{RH}	5～12	520	600

B.0.2 普通钢筋的抗拉强度设计值 f_y、抗压强度设计值 f_y' 应按表 B.0.2 采用。当构件中配有不同种类的钢筋时，每种钢筋应采用各自的强度设计值。横向钢筋的抗拉强度设计值 f_{yv} 应按表中 f_y 的数值采用；当用作受剪、受扭、受冲切承载力时，其数值大于 360N/mm² 时应取 360N/mm²。

表 B.0.2　普通钢筋强度设计值(N/mm²)

牌号	抗拉强度设计值 f_y	抗压强度设计值 f_y'
HPB300	270	270
HRB335,HRBF335	300	300
HRB400,HRBF400,RRB400	360	360
HRB500,HRBF500	435	410

B.0.3　普通钢筋及预应力筋在最大力作用下的总伸长率限值 δ_{gt} 不应小于表 B.0.3 规定的数值。

表 B.0.3　普通钢筋在最大力下的总伸长率限值

钢筋品种	普通钢筋			预应力筋
	HPB300	HRB335,HRBF335, HRB400,HRBF400, HRB500,HRBF500	RRB400	
$\delta_{gt}(\%)$	10.0	7.5	5.0	3.5

B.0.4　普通钢筋的弹性模量 E_s 应按表 B.0.4 采用。

表 B.0.4　钢筋的弹性模量(×10⁵N/mm²)

牌号或种类	弹性模量 E_s
HPB300 钢筋	2.10
HRB335,HRB400,HRB500 钢筋 HRBF335,HRBF400,HRBF500 钢筋 RRB400 钢筋 预应力螺纹钢筋	2.00
消除应力钢丝、中强度预应力钢丝	2.05
钢绞丝	1.95

注:必要时,可采用实测的弹性模量。

附录 C 钢筋机械连接接头性能等级及应用

C.0.1 钢筋机械连接接头的设计应满足接头强度(屈服强度及抗拉强度)及变形性能的要求。

C.0.2 钢筋机械连接件的屈服承载力和抗拉承载力的标准值不应小于被连接钢筋的屈服承载力和抗拉承载力标准值的 1.10 倍。

C.0.3 钢筋接头应根据接头的性能等级和应用场合,对单向拉伸性能、高应力反复拉压、大变形反复拉压、抗疲劳、耐低温等各项性能确定相应的检验项目。

C.0.4 根据抗拉强度以及高应力和大变形条件下反复拉压性能的差异,接头应分为下列三个等级:

Ⅰ级:接头抗拉强度不小于被连接钢筋实际抗拉强度或 1.10 倍钢筋抗拉强度标准值,并具有高延性及反复拉压性能;

Ⅱ级:接头抗拉强度不小于被连接钢筋抗拉强度标准值,并具有高延性及反复拉压性能;

Ⅲ级:接头的抗拉强度不小于被连接钢筋屈服强度标准值的 1.35 倍,并具有一定的延性及反复拉压性能。

C.0.5 Ⅰ级、Ⅱ级、Ⅲ级接头的抗拉强度应符合表 C.0.5 的规定。

表 C.0.5 接头的抗拉强度

接头等级	Ⅰ级	Ⅱ级	Ⅲ级
抗拉强度	$f^0_{mst} \geqslant f^0_{st}$ 或 $\geqslant 1.10 f_{uk}$	$f^0_{mst} \geqslant f_{uk}$	$f^0_{mst} \geqslant 1.35 f f_{yk}$

注:f^0_{mst}——接头试件实际抗拉强度;

f^0_{st}——接头试件中钢筋抗拉强度实测值;

f_{uk}——钢筋抗拉强度标准值;

f_{yk}——钢筋屈服强度标准值。

C.0.6 Ⅰ级、Ⅱ级、Ⅲ级接头应能经受规定的高应力和大变形反复拉压循环,且在经历拉压循环后,其抗拉强度仍应符合本标准表 C.0.5 的规定。

C.0.7 Ⅰ级、Ⅱ级、Ⅲ级接头的变形性能应符合表 C.0.7 的规定。

表 C.0.7 接头的变形性能

接头等级		Ⅰ级、Ⅱ级	Ⅲ级
单向拉伸	非线性变形(mm)	$u \leqslant 0.10(d \leqslant 32)$ $u \leqslant 0.15(d > 32)$	$u \leqslant 0.10(d \leqslant 32)$ $u \leqslant 0.15(d > 32)$
	总伸长率(%)	$\delta_{sgt} \geqslant 4.0$	$\delta_{sgt} \geqslant 2.0$
高应力反复拉压	残余变形(mm)	$u_{20} \leqslant 0.3$	$u_{20} \leqslant 0.3$
大变形反复拉压	残余变形(mm)	$u_4 \leqslant 0.3$ $u_8 \leqslant 0.6$	$u_4 \leqslant 0.6$

注:u——接头的非弹性变形;

u_{20}——接头经高应力反复拉压 20 次后的残余变形;

u_4——接头经大变形反复拉压 4 次后的残余变形;

u_8——接头经大变形反复拉压 8 次后的残余变形;

δ_{sgt}——接头试件总伸长率。

C.0.8 对直接承受动力荷载的结构构件,接头应满足设计要求的抗疲劳性能。当无专门要求时,对连接 HRB335 级钢筋的接头,其疲劳性能应能经受应力幅为 100N/mm²,最大应力为 180N/mm² 的 200 万次循环加载。对连接 HRB400 级钢筋的接头,其疲劳性能应能经受应力幅为 100N/mm²,最大应力为 190N/mm² 的 200 万次循环加载。

C.0.9 当混凝土结构中钢筋接头部位的温度低于—10℃时,应进行专门的试验。

C.0.10 接头性能等级的选定应符合下列规定:

  1 混凝土结构中要求充分发挥钢筋强度或对接头延性要求

较高的部分,应采用Ⅰ级或Ⅱ级接头。

2 混凝土结构中钢筋应力较高但对接头延性要求不高的部位,可采用Ⅲ级接头。

C.0.11 钢筋连接件的混凝土保护层厚度宜符合现行国家标准《混凝土结构设计规范》GB 50010 中受力钢筋混凝土保护层最小厚度的规定,且不得小于 15mm。连接件之间的横向净距不宜小于 25mm。

C.0.12 纵向受力钢筋机械连接接头的位置宜相互错开。在任一接头中心至长度为 $35d$ 的区段范围内,有接头的受力钢筋截面面积占受力钢筋总截面面积的百分率,应符合下列规定:

1 接头宜设置在结构构件受拉钢筋应力较小的部位,当需要在高应力部位设置接头时,在同一连接区段内Ⅲ级接头的接头百分率不应大于 25%;Ⅱ级接头的接头百分率不应大于 50%;Ⅰ级接头的接头百分率可不受限制。

2 接头宜避开有抗震设防要求的框架的梁端、柱端箍筋加密区;当无法避开时,应采用Ⅰ级接头或Ⅱ级接头,且接头百分率不应大于 50%。

3 受拉钢筋应力较小部位或纵向受压钢筋,接头百分率可不受限制。

4 对直接承受动力荷载的结构构件,接头百分率不应大于 50%。

C.0.13 当对具有钢筋接头的构件进行试验并取得可靠数据时,接头的应用范围可根据工程实际情况进行适当调整。

附录 D 纵向受力钢筋的最小搭接长度

D.0.1 当纵向受力钢筋的绑扎搭接接头百分率不大于 25% 时，其最小搭接长度应符合表 D.0.1 的规定。

表 D.0.1 纵向受拉钢筋的最小搭接长度

钢筋类型		混凝土强度等级			
		C15	C20～C25	C30～C35	≥C40
光圆钢筋	HPB235 级	45d	30d	30d	25d
带肋钢筋	HRB335 级	55d	45d	35d	30d
	HRB400 级、RRB400 级	—	55d	40d	35d

注:两根直径不同钢筋的搭接长度,以较细钢筋的直径计算。

D.0.2 当纵向受拉钢筋搭接接头面积百分率大于 25%，但不大于 50% 时,其最小搭接长度应按上述表 D.0.1 中的数值乘以系数 1.2 取用;当接头面积百分率大于 50% 时,应按上述表 D.0.1 中的数值乘以系数 1.35 取用。

D.0.3 当符合下列条件时,纵向受拉钢筋的最小搭接长度应根据本附录第 D.0.1～D.0.2 条确定后,按下列规定进行修正:

1 当带肋钢筋的直径大于 25mm 时,其最小搭接长度应按相应数值乘以系数 1.1 取用。

2 对环氧树脂涂层的带肋钢筋,其最小搭接长度应按相应数值乘以系数 1.25 取用。

3 当在混凝土凝固过程中受力钢筋易受扰动时(如滑模施工),其最小搭接长度应按相应数值乘以系数 1.1 取用。

4 对末端采用机械锚固措施的带肋钢筋,其最小搭接长度应按相应数值乘以系数 0.7 取用。

5 当带肋钢筋的混凝土保护层厚度大于搭接钢筋直径的 3 倍且配有箍筋时,其最小搭接长度应按相应数值乘以系数0.8 取用。

6 对有抗震设防要求的结构构件,其受力钢筋的最小搭接长度对一、二级抗震等级应按相应数值乘以系数 1.15 采用;对三级抗震等级应按相应数值乘以系数 1.05 采用。

7 在任何情况下,受拉钢筋的搭接长度不应小于 300mm。

D.0.4 纵向受压钢筋搭接时,其最小搭接长度应根据本附录第 D.0.1～D.0.3 条的规定确定相应数值后,乘以系数 0.7 取用。在任何情况下,受压钢筋的搭接长度不应小于 200mm。

附录 E 预应力筋张拉伸长值计算和量测方法

E.0.1 一端张拉的单段曲线或直线预应力筋,其张拉伸长值可按下式计算:

$$\Delta L_{p} = \frac{\sigma_{pt}\left[1 + e^{-(\mu\theta + kl)}\right]l}{2E_{p}} \qquad (E.0.1)$$

式中:ΔL_{p}——预应力筋张拉伸长计算值(mm);

σ_{pt}——张拉控制应力扣除锚口摩擦损失后的应力值(MPa);

l——预应力筋张拉端至固定端的长度,可近似取预应力筋在纵轴上的投影长度(m);

θ——预应力筋曲线两端切线的夹角(rad);

E_{p}——预应力筋弹性模量(MPa),可按现行国家标准《混凝土结构设计规范》GB 50010 的规定取用,必要时,可采用实测数据;

μ——预应力筋与孔道壁之间的摩擦系数;

κ——孔道每米长度局部偏差产生的摩擦系数(m^{-1})。

E.0.2 多曲线段或直线段与曲线段组成的预应力筋,可根据扣除摩擦损失后的预应力筋有效应力分布,采用分段叠加法计算其张拉伸长值。

E.0.3 预应力筋张拉伸长值可按下列方法确定:

1 实测张拉伸长值可采用量测千斤顶油缸行程的方法确定,也可采用量测外露预应力筋长度的方法确定;当采用量测千斤顶油缸行程的方法时,实测张拉伸长值尚应扣除千斤顶体内的预应力筋张拉伸长值、张拉过程中工具锚和固定端工作锚模紧引起的预应力筋内缩值 F。

2 实际张拉伸长值 ΔL 可按下列公式计算确定:

$$\Delta L = \Delta L_1 + \Delta L_2 \qquad (E.0.3-1)$$

$$\Delta L_2 = \frac{N_0}{N_{con} - N_0} \Delta L_1 \qquad (E.0.3-2)$$

式中:ΔL_1——从初拉力至张拉控制力之间的实测张拉伸长值(mm);

ΔL_2——初拉力下的推算伸长值(mm),计算示意如图E.0.3;

N_{con}——张拉控制力(kN);

N_0——初拉力(kN)。

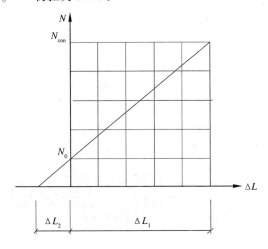

图 E.0.3 初拉力下推算伸长值计算示意

附录 F 张拉阶段摩擦预应力损失测试方法

F.0.1 孔道摩擦损失可采用压力差法测试。现场测试的设备安装(图 F.0.1)应符合下列规定:

   1 预应力筋末端的切线、工作锚、千斤顶、压力传感器及工具锚应对中。

   2 预应力筋两端拉力可用压力传感器或与千斤顶配套的精密压力表测量。

   3 预应力筋两端均宜安装千斤顶。当预应力筋的张拉伸长值超出千斤顶最大行程时,张拉端可串联安装两台或多台千斤顶。

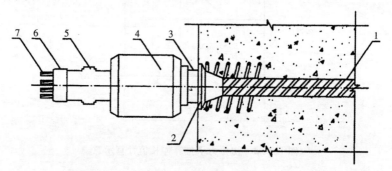

1—预留孔道; 2—锚垫板; 3—工作锚(元夹片); 4—千斤顶;
5—压力传感器; 6—工具锚(有夹片); 7—预应力筋
图 F.0.1 摩擦损失测试设备安装示意

F.0.2 孔道摩擦损失的现场测试步骤应符合下列规定:

   1 预应力筋两端的千斤顶宜同时加载至初张拉力,初张拉力可取 $0.1N_{con}$。

   2 固定端千斤顶稳压后,应往张拉端千斤顶供油,并应分级

量测张拉力在 $0.5N_{con} \sim 1.0N_{con}$ 范围内两端的压力值,分级不宜少于 3 级,每级持荷不宜少于 2min。

F.0.3 孔道摩擦系数可按下列规定计算确定:

1 孔道摩擦系数可取为各级张拉力下相应计算摩擦系数的平均值;

2 各级张拉力下相应计算摩擦系数 μ,可按下式确定:

$$\mu = \frac{-\ln\left(\dfrac{N_2}{N_1}\right) - \kappa l}{\theta} \qquad (\text{F.0.3})$$

式中:N_1——张拉端的拉力(N),取为所测得的压力扣除锚口预拉力损失后的力值;

$\quad N_2$——固定端的拉力(N),取为所测得的压力加上锚口预拉力损失后的力值;

$\quad l$——两端工具锚之间预应力筋的总长度(m),可近似取预应力筋在纵轴上的投影长度;

$\quad \theta$——预应力筋曲线各段两端切线的夹角之和(rad),当端部区段预应力筋曲线有水平偏转时,尚应计入端部曲线的附加转角。

本标准用词说明

1 为便于在执行本标准条文时区别对待,对要求严格程度不同的用词说明如下:

   1) 表示很严格,非这样做不可的用词:

      正面词采用"必须";

      反面词采用"严禁"。

   2) 表示严格,在正常情况下均应这样做的用词:

      正面词采用"应";

      反面词采用"不应"或"不得"。

   3) 表示允许稍有选择,在条件许可时首先应这样做的用词:

      正面词采用"宜";

      反面词采用"不宜"。

   4) 表示有选择,在一定条件下可以这样做的用词,采用"可"。

2 标准中指定应按其他有关标准、规范的规定执行时,写法为"应符合……的规定"或"应按……执行"。

引用标准名录

1 《建筑结构荷载规范》GB 50009

2 《混凝土结构设计规范》GB 50010

3 《建筑工程施工质量验收统一标准》GB 50300

4 《混凝土结构工程施工质量验收规范》GB 50204

5 《混凝土结构设计规范》GB 50010

6 《普通混凝土拌合物性能试验方法标准》GB/T 50080

7 《普通混凝土力学性能试验方法标准》GB/T 50081

8 《混凝土强度检验评定标准》GB/T 50107

9 《混凝土外加剂应用技术规范》GB 50119

10 《混凝土质量控制标准》GB 50164

11 《组合钢模板技术规范》GB/T 50214

12 《民用建筑工程室内环境污染控制规范》GB 50325

13 《混凝土结构工程施工规范》GB 50666

14 《建筑工程绿色施工规范》GB/T 50905

15 《普通硅酸盐水泥》GB 175

16 《建筑施工场界环境噪声排放标准》GB 12523

17 《预应力筋用锚具、夹具和连接器》GB/T 14370

18 《预拌混凝土》GB/T 14902

19 《预应力孔道灌浆剂》GB/T 25182

20 《装配式混凝土结构技术规程》JGJ 1

21 《钢筋焊接及验收规程》JGJ 18

22 《建筑机械使用安全技术规程》JGJ 33

23 《施工现场临时用电安全技术规范》JGJ 46

24 《普通混凝土用砂、石质量及检验方法标准》JGJ 52

25 《建筑施工安全检查标准》JGJ 59

26 《混凝土用水标准》JGJ 63

27 《预应力筋用锚具、夹具和连接器应用技术规程》JGJ 85

28 《建筑工程冬期施工规程》JGJ/T 104

29 《钢筋机械连接技术规程》JGJ 107

30 《建筑施工门式钢管脚手架安全技术规范》JGJ/T 128

31 《建筑施工扣件式钢管脚手架安全技术规范》JGJ 130

32 《建筑施工现场环境与卫生标准》JGJ 146

33 《建筑施工模板安全技术规范》JGJ 162

34 《建筑施工承插型盘扣式钢管支架安全技术规程》JGJ 231

35 《钢筋锚固板应用技术规定》JGJ 256

36 《高强混凝土应用技术规程》JGJ/T 281

37 《自密实混凝土应用技术规程》JGJ/T 283

38 《预应力混凝土结构设计规程》DGJ 08—69

39 《高强泵送混凝土应用技术标准》DG/TJ 08—503

40 《人工砂在混凝土中的应用技术规程》DG/TJ 08—506

41 《装配整体式混凝土结构施工及质量验收规范》DGJ 08—2069

42 《混凝土生产回收水应用技术规程》DG/TJ 08—2181

43 《装配整体式混凝土结构施工及质量验收规范》DGJ 08—2217

上海市工程建设规范

混凝土结构工程施工标准

DG/TJ 08－020－2019
J 10618－2019

条 文 说 明

2020　上海

目　次

Contents

1 总　则

1.0.1　本标准的目的是为了统一和加强混凝土结构工程施工过程的管理,使混凝土结构工程施工处于有序的受控状态,保证施工质量。

1.0.2　本标准的适用范围为工业与民用房屋和一般构筑物的混凝土结构工程。本标准所指混凝土结构包括素混凝土结构、钢筋混凝土结构和预应力混凝土结构,具体包括普通混凝土、高强混凝土、自密实混凝土、大体积混凝土及清水混凝土等,与现行国家标准《混凝土结构设计规范》GB 50010 的范围一致。特种混凝土结构根据其特性不同和用途不同,有最基础的灌浆料,还有防水的防腐的,有防爆混凝土,有耐油的,有耐磨的,其他的还有耐高温等有特殊要求的混凝土结构。

1.0.3　混凝土结构施工质量要求应按现行国家标准《建筑工程施工质量验收统一标准》GB 50300、《混凝土结构工程施工规范》GB 50666 和《混凝土结构工程施工质量验收规范》GB 50204 执行。混凝土结构工程的施工应满足现行标准和施工项目设计文件提出的各项要求。本标准为混凝土结构工程施工的基本要求。

2 术 语

在编写本章术语时,主要参考了现行国家标准《建筑结构设计术语和符号标准》GB/T 50083、《工程结构设计基本术语和通用符号》GBJ 132、《混凝土结构工程施工质量验收规范》GB 50204、《混凝土结构设计规范》GB 50010 和现行行业标准《钢筋机械连接通用技术规程》JGJ 107、《钢筋焊接及验收规范》JGJ 18 等的相关术语。

2.0.15 夹具

在先张法预应力混凝土构件施工时,为保持预应力筋的拉力并将其固定在生产台座或设备上的临时性锚固装置;在后张法预应力混凝土结构或构件施工时,在张拉千斤顶或设备上夹持预应力筋的临时性锚固装置。

2.0.18 大体积混凝土

混凝土结构物实体最小尺寸不小于 1m 的大体量混凝土,或预计会因混凝土中胶凝材料水化引起的温度变化和收缩而导致有害裂缝产生的混凝土。

本条术语中不强调具体尺寸,更侧重于体积较大且导致有害裂缝产生的混凝土。

3 基本规定

3.0.2 设计交底是建设单位组织设计单位对施工单位、监理单位交底。对预应力、装配式结构等工程,当原设计文件深度不够,不足以指导施工时,需要施工单位进行深化设计。深化设计文件应经原设计单位认可。对于改建、扩建工程,应经承担该改建、扩建工程的设计单位认可。

3.0.3 施工单位应重视施工资料管理工作,建立施工资料管理制度,将施工资料的形成和积累纳入施工管理的各个环节和有关人员的职责范围。在资料管理过程中,应保证施工资料的真实性和有效性。除应建立配套的管理制度,明确责任外,还应根据工程具体情况采取措施,堵塞漏洞,确保施工资料真实、有效、完整。

3.0.4 混凝土结构工程施工内容可编制专项施工方案,亦可将相关施工内容编制在其他专项施工方案或阶段性施工组织设计中,相关方案应先经过施工单位相关部门及企业技术负责人审批,然后再经过监理单位相关人员及总监理工程师审批。超过一定规模的危险性较大的分部分项工程,还应由建设单位审批,然后现场根据该方案组织现场施工。混凝土结构施工前的准备工作,包括供水、用电、道路、运输、模板及支架、混凝土覆盖与养护、起重设备、泵送设备、振捣设备、施工机具和安全防护设施等。三级交底包含方案编制人员对施工管理人员的交底,施工管理人员对班组管理人员的交底,班组管理人员对操作人员的交底。

3.0.5 试件留设是混凝土结构施工检测和试验计划的重要内容。混凝土结构施工过程中,确认混凝土强度等级达到要求,应采用标准养护的混凝土试件;混凝土结构构件拆模、脱模、吊装、施加预应力及施工期间负荷时的混凝土强度,应采用同条件养护的混凝土试件。当施工阶段混凝土强度指标要求较低,不适宜用同条件养护试件进行强度测试时,可根据经验判断。

3.0.6 施工中使用的原材料、半成品和成品以及施工设备和机具,应符合国家相关标准的要求。为适当减少有关产品的检验工作量,本标准有关章节对符合限定条件的产品进场检验作了适当调整。对来源稳定且连续检验合格,或经产品认证符合要求的产品,进场时可按本标准的有关规定放宽检验。"经产品认证符合要求的产品"系指经产品认证机构认证,认证结论为符合认证要求的产品。产品认证机构应经国家认证认可监督管理部门批准。放宽检验系指扩大检验批量,不是放宽检验指标。

3.0.8 施工阶段的监测内容,可根据设计文件的要求和施工质量控制的需要确定。施工阶段的监测内容,一般包括施工环境监测(如风向、风速、气温、湿度、雨量、气压、太阳辐射等)、结构监测(如结构沉降观测、倾斜测量、楼层水平度测量、控制点标高与水准测量以及构件关键部位或截面的应变、应力监测和温度监测等)。

3.0.9 采用新技术、新工艺、新材料、新设备时,应经过试验和技术鉴定,并应制定可行的技术措施。设计文件中指定使用新技术、新工艺、新材料时,施工单位应依据设计要求进行施工。施工单位欲使用新技术、新工艺、新材料时,应经监理单位核准,并按相关规定办理。本条的"新的施工工艺"系指以前未在任何工程施工中应用过的施工工艺,"首次采用的施工工艺"系指施工单位以前未实施过的施工工艺。

3.0.10～3.0.11 在混凝土结构施工过程中,应贯彻执行施工质量控制和检验的制度。每道工序均应及时进行检查,确认符合要求后方可进行下道工序施工。施工企业实行的"过程三检制"是一种有效的企业内部质量控制方法,"过程三检制"是指自检、互检和交接检三种检查方式。对发现的质量问题及时返修、返工,是施工单位进行质量过程控制的必要手段。本标准第4～9章提出了施工质量检查的主要内容,在实际操作中可根据质量控制的需要,调整、补充检查内容。

4 模板工程

4.1 一般规定

4.1.1 针对专项施工方案,监理单位应编制包含安全监理内容的高支模工程专项施工监理实施细则,细则内容应明确模板及其支架的重点检查内容、检查方法和检查频率。施工单位根据技术论证专家组的论证报告,对专项施工方案进行修改完善,实施前经施工单位技术负责人、项目总监理工程师、建设单位项目负责人批准签字。当模板及其支架具备以下条件之一时,应组织专家对专项方案进行论证:

1 搭设高度 8m 及以上。

2 跨度 18m 及以上。

3 施工总荷载 $15kN/m^2$ 及以上。

4 集中线荷载 20kN/m 及以上。

5 滑模、爬模等工具式模板工程。

4.1.2 模板及其支架拆除的顺序及相应的施工安全措施,对避免重大工程事故发生非常重要。在制订施工技术方案时,应考虑周全。模板及其支架拆除时,混凝土结构可能尚未形成设计要求的受力体系,必要时应加设临时支撑。后浇带模板的拆除及支撑易被忽视而造成结构缺陷,应特别注意。

4.1.4 模板相关的其他相关现行国家标准、行业标准、地方标准除本条文所述《建筑施工扣件式钢管脚手架安全技术规范》JGJ 130、《钢管扣件式模板垂直支撑系统安全技术规程》DG/TJ 08－16 外,还应有《建筑施工承插型盘扣式钢管支架安全技术规程》JGJ 231、《钢管扣件式木模板支撑系统施工作业规程》DG/TJ 08－2187、《建筑施工模板安全技术规范》JGJ 162、《液压爬升模板工程技术规程》JGJ 195、《钢框胶合板模板技术规程》GJ 96、《液压滑动模板施工安全技术规程》JGJ 65－2013、《组合钢模板技术规范》GB/T 50214、《租赁模板脚手架维修保养技术规范》GB 50829、《建筑工程大模板技术规程》JGJ 74 等。现场需根据自身工程特点,选用相关的规范作为编制专项方案和交底的依据,本标准不再对相关规范做一一列举。

4.1.5 相关人员包括交底人员及被交底人员。交底人员主要为施工单位项目技术负责人及专职安全员;被交底人员为项目部安全员、施工员、质量员及现场作业人员等。

4.1.6 项目负责人一般指建设单位的项目负责人,也可指由建设单位项目负责人指定的其他人员。施工单位的项目管理人员一般包括项目技术、施工、安全、质量管理人员,监理单位的项目管理人员一般包括项目总监理工程师和专业监理工程师。验收人员应包括施工单位的项目管理人员以及监理单位的项目管理人员。验收合格后,应在后续工序施工前,由施工单位项目技术负责人及项目总监理工程师在验收记录上签字确认。

4.1.11 模板包装运输中,应有可靠措施防止损伤模板。模板储存时,其上应有遮蔽,须有防雨、防潮措施。

4.2 材料要求

4.2.1 本条第 2 款内容说明如下:

　　2 其质量应符合现行国家标准《混凝土模板用胶合板》GB/T 17656、《胶合板胶合强度的测定》GB/T 9846.12 的规定。尿醛树脂胶遇强酸、强碱易分解,耐候性较差,初黏差、收缩大、脆性大、不耐水、易老化,用尿醛树脂生产的人造板在制造和使用过程中存在着甲醛释放的问题。

4.3 模板设计

4.3.1 模板设计时选型、选材的主要原则：

   1 实用性。主要保证混凝土结构的质量，具体要求如下：

     1）接缝严密，不漏浆；

     2）保证构件的形状尺寸和相互位置的正确；

     3）模板的构造简单，支拆方便。

   2 安全性。保证在施工过程中，不变形、不破坏、不倒塌。

   3 经济性。针对工程结构的具体情况，因地制宜，就地取材，在确保工期、质量的前提下，减少一次性投入，增加模板周转，减少支拆用工，实现文明施工。

4.3.12 多层楼板连续支模是指楼板连续施工时，下层楼板保留未拆除，上层楼板搭设的模板支架荷载通过楼板传递至下层楼板的模板支架，最终荷载层层传递至下层或下几层楼板。此时，除了需要验算混凝土施工层的支模系统，还需验算下层相关结构的承载能力，如下层模板支架、下层结构楼板、下层结构梁等。

4.3.13 支架基础宜设置垫板，采用木垫板的厚度应不小于50mm、宽度不小于150mm；采用槽钢垫板的，规格应不小于10号。

4.3.14 此立杆为 $\Phi 48 \times 3.5$ 的钢管。当单根立杆的轴力标准值大于12kN，高大模板支架单根立杆的轴力标准值大于10kN时，立杆顶部支撑形式宜设置成顶托，可采用双扣件。

4.3.16 本条第2款支架平面图中应包含立杆及水平杆位置，剖面图应包含立杆、水平杆、剪刀撑位置及扣件或顶托位置。

4.4 制作与安装

4.4.5 对跨度较大的现浇混凝土梁、板，考虑到自重的影响，适度起拱有利于保证构件的截面尺寸。执行时,应注意本条的起拱高度未包括设计起拱值,而只考虑模板本身在荷载下的下垂,因此,对钢模板可取偏小值,对木模板可取偏大值。

4.4.6 无论是采用何种材料制作的模板,其接缝都应保证不漏浆。木模板浇水湿润有利于接缝闭合而不致漏浆,但因浇水湿润后膨胀,木模板安装时的接缝不宜过于严密。

4.4.8 对拉螺栓应在其中部位置设置止水片,止水片数量应根据墙体厚度进行调整。当墙体厚度不小于800mm时,应增设2道止水片。

4.4.10 对于预组装大模板的组装质量,应在试吊后进行检查,以检验拼装后的刚度。

4.4.11 梁和楼板的支架应在接近支撑底部设置水平撑。每道水平撑高度方向的间距应按照计算确定,用扣件式钢管作支架时,水平撑与剪刀撑的位置,应按构造要求确定。

现浇多、高层房屋和构筑物的模板及其支架安装时,上、下层支架的立柱应对准,以利于上层荷载的传递,这是保证施工安全和质量的有效措施。

4.4.14 本条第4款应采用钢管扣件按规范设置剪刀撑等构造。

4.4.16 支架与成型的混凝土结构宜设置刚性拉结,以满足架体的整体稳定型,具体的拉结数量、部位应根据设计计算确定。

4.5 高支模工程

4.5.2 当支架计算整体稳定或抗倾覆不满足要求时,支架四周如有已建建筑,需设置连墙件,如支架四周无已建建筑,可增设剪刀撑、抛撑等构造措施。

4.5.3 当支架高度搭设大于30m时,宜采用型钢支撑。

4.6 拆除与维护

4.6.1 由于过早拆模、混凝土强度不足而造成混凝土结构构件沉降变形、缺棱掉角、开裂甚至塌陷的情况时有发生。为保证结构的安全和使用功能，提出了拆模时混凝土强度的要求。考虑到悬臂构件更容易因混凝土强度不足而引发事故，对其拆模时的混凝土强度应从严要求。拆模前同条件养护试块强度应满足本标准表4.6.1。该强度通常反映为同条件养护混凝土试件的强度，也可采用回弹等无损检测方式。

4.6.6 对后张法的预应力施工，模板及其支架的拆除时间和顺序应根据施工方式的特点和需要事先在施工技术方案中确定。当施工技术方案中无明确规定时，应遵照本条的规定执行。

4.6.7 由于施工方式的不同，后浇带模板的拆除及支顶方法也各有不同，但都应能保证结构的安全和质量。由于后浇带较易出现安全和质量问题，故施工技术方案应对此作出明确的规定。

4.6.9~4.6.10 拆模时，重量较大的模板倾砸楼面或模板及支架集中堆放可能造成楼板或其他构件的裂缝等损伤，故应避免。

4.7 质量标准

4.7.3 本条规定了采用扣件钢管架支模时应检查的基本内容和偏差控制值。检查中，钢管支架立杆在全长范围内只允许在顶部进行一次搭接。对梁板模板下钢管支架采用顶部双向水平杆与立杆的"双扣件"扣接方式，应检查双扣件是否紧贴。

4.7.6、4.7.7 规定了现浇混凝土结构模板及预制混凝土构件模板安装尺寸的允许偏差。还应指出，对一般项目，在不超过20%的不合格检查点中，不得有影响结构安全和使用功能的过大尺寸偏差。对有特殊要求的结构中的某些项目，当有专门标准规定或设计要求时,尚应符合相应的要求。对预埋件的外露长度,只允许有正偏差,不允许有负偏差;对预留洞内部尺寸,只允许大,不允许小。在允许偏差表中,不允许的偏差都以"0"来表示。

5 钢筋工程

5.1 一般规定

5.1.3 本条规定的施工过程包括钢筋运输、存放及作业面施工。HRB(热轧带肋钢筋)、HRBF(细晶粒钢筋)、RRB(余热处理钢筋)是三种常用带肋钢筋品种的英文缩写,钢筋牌号为该缩写加上代表强度等级的数字。各种钢筋表面的轧制标志各不相同,HRB335,HRB400,HRB500 分别为 3,4,5;HRBF335,HRBF400,HRBF500分别为 C3,C4,C5;RRB400 为 K4。对于牌号带"E"的热轧带肋钢筋,轧制标志上也带"E",如 HRB335E 为 3E,HRBF400E 为 C4E。钢筋在运输和存放时,不得损坏包装和标志,并应按牌号、规格、炉批分别堆放。钢筋加工后用于施工的过程中,要能够区分不同强度等级和牌号的钢筋,避免混用。

钢筋除防锈外,还应注意焊接、撞击等原因造成的钢筋损伤。后浇带等部位的外露钢筋,在混凝土施工前也应避免锈蚀、损伤。

5.2 材 料

5.2.1 与热轧光圆钢筋、热轧带肋钢筋、余热处理钢筋、钢筋焊接网性能及检验相关的现行国家标准有:《钢筋混凝土用钢 第 1部分:热轧光圆钢筋》GB 1499.1、《钢筋混凝土用钢 第 2 部分:热轧带肋钢筋》GB 1499.2、《钢筋混凝土用钢 第 3 部分:钢筋焊接网》GB 1499.3、《钢筋混凝土用余热处理钢筋》GB 13014。与冷加工钢筋性能及检验相关的现行国家标准有:《冷轧带肋钢筋》GB13788、《冷轧扭钢筋》JG 190 等。冷加工钢筋的应用可按现行行业标准《冷轧带肋钢筋混凝土结构技术规程》JGJ 95、《冷轧扭钢筋混凝土构件技术规程》JGJ 115、《冷拔低碳钢丝应用技术规程》JGJ 19 的规定执行。

5.2.2 本条提出了针对部分框架、斜撑构件(含梯段)中纵向受力钢筋强度、伸长率的规定,其目的是保证重要结构构件的抗震性能。本条第 1 款中抗拉强度实测值与屈服强度实测值的比值,工程中习惯称为"强屈比";第 2 款中屈服强度实测值与屈服强度标准值的比值,工程中习惯称为"超强比"或"超屈比";第 3 款中最大力下总伸长率习惯称为"均匀伸长率"。

牌号带"E"的钢筋是专门为满足本条性能要求生产的钢筋,其表面轧有专用标志。

本条中的框架包括各类混凝土结构中的框架梁、框架柱、框支梁、框支柱及板柱-抗震墙的柱等,其抗震等级应根据国家现行相关标准由设计确定;斜撑构件包括伸臂桁架的斜撑、楼梯的梯段等,相关标准中未对斜撑构件规定抗震等级,当建筑中其他构件需要应用牌号带 E 钢筋时,则建筑中所有斜撑构件均应满足本条规定。

5.2.3 本条规定了钢筋进入现场后的验收要求。包括内容有:必须具备的资料、试验的要求、外观检查的内容等。主要作用是保证合格的材料用于工程中,杜绝因原材料的质量或材料管理而造成工程质量的缺陷。

5.3 钢筋加工

5.3.2 盘条供应的钢筋使用前需要调直。调直宜优先采用机械方法,以有效控制调直钢筋的质量。

5.3.6 本条第 1、2 款对各种级别普通钢筋弯钩、弯折和箍筋的弯弧内直径、弯折角度、弯后平直部分长度分别提出了要求。受力钢筋弯钩、弯折的形状和尺寸,对于保证钢筋与混凝土协同受力非常重要。根据构件受力性能的不同要求,合理配置箍筋有利于保证混凝土构件的承载力,特别是对配筋率较高的柱、受扭的梁和有抗震设防要求的结构构件更为重要。

5.3.7 本条第 1 款所指一般结构指没有抗震设防要求或设计没有专门要求的结构构件。

5.4 工厂预制加工

5.4.1 本条对钢筋成品制作设备提出了要求。本条要求在钢筋成品制作时,宜采用有关的设施和机具等,以提高生产效率和钢筋成品质量。

5.4.2 在预制混凝土构件生产中,配件和埋件的质量十分重要,有的会影响安装,有的会影响使用。本条对钢筋成品中配件和埋件的质量提出了要求。对钢筋成品(骨架)中钢筋、钢筋半成品、配件和埋件的品种、规格、数量等提出了要求。

5.4.3 本条对钢筋和配件的位置、钢筋接头位置、同截面上的钢筋接头面积、绑扎(焊接)质量和钢筋成品(骨架)的尺寸等提出了要求。

5.4.4 本条要求企业应记录并保管钢筋成品(骨架)质量检测和检查资料、配件和埋件的质量检测和检查资料。这些记录能全面、正确地描述钢筋成品的制作情况及其质量。

5.5 钢筋连接

5.5.1 本条提出了纵向受力钢筋连接方式的基本要求,这是保证受力钢筋应力传递及结构构件的受力性能所必需的。目前,钢筋的连接方式已有多种,应按设计要求采用。常规钢筋的连接有机械连接、焊接和绑扎。

近年来,钢筋机械连接和焊接的技术发展较快,现行行业标准《钢筋机械连接通用技术规程》JGJ 107、《钢筋焊接及验收规程》JGJ 18 对其应用、质量验收等都有明确的规定,验收时应遵照执行。对钢筋机械连接和焊接,除应按相应规定进行型式、工艺检验外,还应从结构中抽取试件进行力学性能检验。

5.5.3 本条给出了受力钢筋机械连接和焊接的应用范围、连接区段的定义以及接头面积百分率的定义和限制。受力钢筋的连接接头宜设置在受力较小处,同一钢筋在同一受力区段内不宜多次连接,以保证钢筋的承载、传力性能。本条还对接头距钢筋弯起点的距离作出了规定。

5.5.4 螺纹连接接头钢筋端头应采用砂轮机切平。

5.5.6 为了保证受力钢筋绑扎搭接接头的传力性能,本条给出了受力钢筋搭接接头连接区段的定义、接头面积百分率的定义和限制以及最小搭接长度的要求。

5.5.7～5.5.8 搭接区域的箍筋对于约束搭接传力区域的混凝土、保证搭接钢筋传力至关重要。根据现行国家标准《混凝土结构设计规范》GB 50010 的规定,给出了搭接长度范围内的箍筋直径、间距等构造要求。

5.6 钢筋安装

5.6.1 受力钢筋的品种、级别、规格、数量和位置对结构构件的受力性能有重要影响,必须符合设计要求。

5.6.2 本条规定了钢筋绑扎的细部构造。第 2 款中竖向面钢筋不包括梁顶、梁底的钢筋网。

5.6.11 梁柱节点处,柱截面宽度大于梁时,按柱要求配置箍筋;梁截面宽度大于柱时,按梁要求配置箍筋。

5.7 高强钢筋

5.7.1 本条所指的高强钢筋是指 HRB400E，HRB500E，HRBF335E，HRBF400E 或 HRBF500E 钢筋。

5.7.2 根据数理统计的概念，在钢筋强度质量控制中，除了须考虑所生产的钢筋强度质量的稳定性之外，还必须考虑符合设计要求的强度等级的合格率，此即强度保证率。它是指在钢筋强度总体中，不小于设计要求的强度等级标准值的概率，亦即钢筋强度不小于设计等级的组数占总组数的百分率。

5.8 质量标准

5.8.1 钢筋的质量证明文件包括产品合格证和出厂检验报告等。

5.8.2 成型钢筋所用钢筋在生产企业进厂时已检验，成型钢筋在工地进场时以检验质量证明文件和材料的检验合格报告为主，并辅助较大批量的屈服强度、抗拉强度、伸长率及重量偏差检验。成型钢筋的质量证明文件为专业加工企业提供的产品合格证、出厂检验报告。

5.8.3 为便于控制钢筋调直后的性能，本条要求对冷拉调直后的钢筋力学性能和单位长度重量偏差进行检验。

5.8.4 本条的规定主要包括钢筋切割、弯折后的尺寸偏差，各种钢筋、钢筋骨架、钢筋网的安装位置偏差等。安装后，还应及时检查钢筋的品种、级别、规格、数量、位置。

5.8.6 钢筋连接是钢筋工程的重要内容，应在施工过程中重点检查。

5.8.9 本条规定了钢筋安装位置的允许偏差。梁、板类构件上部纵向受力钢筋的位置对结构构件的承载能力和抗裂性能等有重要影响。由于上部纵向受力钢筋移位而引发的事故通常较为严重,应加以避免。本条通过保护层厚度偏差的要求,对上部纵向受力钢筋的位置加以控制,并单独将梁、板类构件上部纵向受力钢筋保护层厚度偏差的合格点率要求规定为 90％ 及以上。对其他部位,表中所列保护层厚度的允许偏差合格点率要求仍为 80％ 及以上。本条所属预埋件包含钢筋插筋及其他常规预埋件施工。

6 预应力工程

6.1 一般规定

6.1.1 预应力专项施工方案内容一般包括:施工顺序和工艺流程;预应力施工工艺,包括预应力筋制作、孔道预留、预应力筋安装、预应力筋张拉、孔道灌浆和封锚等;材料采购和检验、机具配备和张拉设备标定、施工进度和劳动力安排、材料供应计划;有关分项工程的配合要求;施工质量要求和质量保证措施;施工安全要求和安全保证措施;施工现场管理机构等。预应力混凝土工程的施工图深化设计内容一般包括:材料、张拉锚固体系、预应力筋束形定位坐标图、张拉端及固定端构造、张拉控制应力、张拉或放张顺序及工艺、锚具封闭构造、孔道摩擦系数取值等。预应力工程施工除应符合本标准要求外,还应符合现行国家标准《混凝土结构工程施工质量验收规范》GB 50204、《混凝土结构设计规范》GB 50010、《混凝土结构工程施工规范》GB 50666、现行行业标准《无粘结预应力混凝土结构技术规程》JGJ 92 和现行上海市工程建设规范《预应力混凝土结构设计规程》DGJ 08－69、《后张预应力施工规程》DG/TJ 08－235 的规定。

6.1.2 本条第 2 款,当在环境温度高于 35℃ 或日平均环境温度连续 5d 低于 5℃ 条件下进行灌浆施工时,应采取专门的质量保证措施。

6.2 材 料

6.2.3 与预应力筋用锚具相关的国家现行标准有:《预应力筋用

锚具、夹具和连接器》GB/T 14370 和《预应力筋用锚具、夹具和连接器应用技术规程》JGJ 85。前者系产品标准,主要是生产厂家生产、质量检验的依据;后者是锚夹具产品工程应用的依据,包括设计选用、进场检验、工程施工等内容。

6.2.4 预应力筋的代换,应不降低预应力构件的承载力、延性和抗裂性能,同时应满足预应力筋布置和锚固区局部受压承载力的要求。

6.2.5 预应力施工是一项专业性强、技术含量高、操作要求严的作业,应由有预应力专项施工资质的施工单位承担。

6.2.6 各种工程材料都有其合理的运输和储存要求。预应力筋、预应力筋用锚具、夹具和连接器,以及成孔管道等工程材料基本都是金属材料,因此,在运输、存放过程中,应采取防止其损伤、锈蚀或污染的保护措施,并在使用前进行外观检查。此外,塑料波纹管尽管没有锈蚀问题,仍应注意保护其不受外力作用下的变形,避免污染、暴晒。

6.2.8 良好的水泥浆性能是保证灌浆质量的重要前提之一。本条规定的目的是保证水泥浆的稠度满足灌浆施工要求的前提下,尽量降低水泥浆的泌水率,提高灌浆的密实度,并保证通过水泥浆提供预应力筋与混凝土良好的粘结力。稠度是以 1 725mL 漏斗中水泥浆的流锥时间(s)表述的。稠度大,意味着水泥浆黏稠,其流动性差;稠度小,意味着水泥浆稀,其流动性好。合适的稠度指标是顺利施灌的重要前提。采用普通灌浆工艺时,因有空气阻力,灌浆阻力较大,需要较小的稠度;而采用真空灌浆工艺时,由于孔道抽真空处于负压,浆体在孔道内的流动比较容易,故可以选择较大的稠度指标。本条分普通灌浆和真空灌浆工艺给出不同的稠度控制建议指标 12s～20s 和 18s～25s,是根据工程经验提出的。泌出的水在孔道内没有排除时,会形成灌浆质量缺陷,容易造成高应力下的预应力筋的腐蚀。因此,需要尽量降低水泥浆的泌水率,最好将泌水率降为 0。当有水泌出时,应将其排除,故规定泌水应在24h内全部被水泥浆吸收。水泥浆的适度膨胀有利于提高灌浆密实性,提高灌浆饱满度,但过度的膨胀率可能造成孔道破损,反而影响预应力工程质量,故应控制其膨胀率。本标准用自由膨胀率来控制,并考虑普通灌浆工艺和真空灌浆工艺的差异。水泥浆强度高,意味着其密实度高,对预应力筋的防护是有利的。建筑工程中常用的预应力筋束,M30强度的水泥浆可有效提供对预应力筋的防护并提供足够的粘结力。一组水泥浆试块由6个试块组成;抗压强度为一组试块的平均值,当一组试块中抗压强度最   ：20％时,应取中间4个试块强度

6.3 制作与安装

6.3.1 计算下料长度时,一般需考虑预应力筋在结构内的长度、锚夹具厚度、张拉操作长度、镦头的预留量、弹性回缩值、张拉伸长值和台座长度等因素。对于需要进行孔道摩擦系数测试的预应力筋,尚需考虑压力传感器等的长度。高强预应力钢材受高温焊渣或接地电火花损伤后,其材性会受较大影响,而且预应力筋截面也可能受到损伤,易造成张拉时脆断,故应避免。

6.3.2 无粘结预应力筋护套破损,会影响预应力筋的全长封闭性,同时一定程度上也会影响张拉阶段的摩擦损失,故需保护其塑料护套。尤其在地下结构等潮湿环境中采用无粘结预应力筋时,更需要注意其护套要完整。对于轻微破损处,可用防水聚乙烯胶带封闭,其中每圈胶带搭接宽度一般大于胶带宽度的1/2,缠绕层数不少于2层,而且缠绕长度应超过破损长度30mm。

6.3.3 挤压锚具的性能受到挤压机之挤压模具技术参数的影响,如果不配套使用,尽管其挤压油压及制作后的尺寸参数符合要求,但也会出现性能不满足要求的情况。通常的摩擦衬套有异形钢丝簧和内外带螺纹的管状衬套两种,不论采用何种摩擦衬

套,均需保证套筒握裹预应力筋区段内摩擦衬套均匀分布,以保证可靠的锚固性能。

6.3.4 压花锚具的性能主要取决于梨形头和直线段长度。一般情况下,对直径为 15.2mm 和 12.7mm 的钢绞线,梨形头的长度分别不小于 150mm 和 130mm,梨形头的最大直径分别不小于 95mm 和 80mm,梨形头前的直线锚固段长度分别不小于 900mm 和 700mm。

6.3.5 钢丝束采用镦头锚具时,锚具的效率系数主要取决于镦头的强度,而镦头强度与采用的工艺及钢丝的直径有关。冷镦时,由于冷作硬化,镦头的强度提高,但脆性增加,且容易出现裂纹,影响强度发挥,因此,需事先确认钢丝的可镦性,以确保镦头质量。另外,钢丝下料长度的控制主要是为保证钢丝的两端均采用镦头锚具时钢丝的受力均匀性。

6.3.6 圆截面金属波纹管的连接采用大一规格的管道连接,其工艺成熟,现场操作方便。扁形金属波纹管无法采用旋入连接工艺,通常也可采用更大规格的扁管套接工艺。塑料波纹管采用热熔焊接工艺或专用连接套管,均能保证质量。

6.3.7 管道定位钢筋支托的间距与预应力筋重量和波纹管自身刚度有关。一般曲线预应力筋的关键点(如最高点、最低点和反弯点等位置)需要有定位的支托钢筋,其余位置的定位钢筋可按等间距布置。值得注意的是,一般设计文件中所给出的预应力筋束形为预应力筋中心的位置,确定支托钢筋位置时尚需考虑管道或无粘结应力筋束的半径。管道安装后应采用火烧丝与钢筋支托绑扎牢靠;必要时,用点焊定位钢筋。梁中铺设多根成束无粘结预应力筋时,尚需注意同一束的各根筋保持平行,防止相互扭绞。

6.3.9 采用普通灌浆工艺时,从一端注入的水泥浆往前流动,并同时将孔道内的空气从另一端排出。当预应力孔道呈起伏状时,易出现水泥浆流过但空气未被往前挤压而滞留于管道内的情况;

曲线孔道中的浆体由于重力下沉、水分上浮,会出现泌水现象;当空气滞留于管道内时,将出现灌浆缺陷,还可能被泌出的水充满,不利于预应力筋的防腐。波峰与波谷高差越大,这种现象越严重。因此,本条规定曲线孔道波峰部位设置排气管兼泌水管,该管不仅可排除空气,还可以将泌水集中排除在孔道外。泌水管常采用钢丝增强塑料管以及壁厚不小于 2mm 的聚乙烯管,有时也可用薄壁钢管,以防止混凝土浇筑过程中出现排气管压扁。

6.3.10 本条是锚具安装工艺及质量控制规定,主要是保证锚具及连接器能够正常工作,不致因安装质量问题出现锚具及预应力筋的非正常受力状态。例如,锚垫板的承压面与预应力筋(或孔道)曲线末端的切线不垂直时,会导致锚具和预应力筋受力异常,容易造成预应力筋滑脱或提前断裂。有关参数是根据国外相关资料,并结合我国工程实践经验提出的。

6.3.11 预应力筋的穿束工艺可分为先穿束和后穿束,其中在混凝土浇筑前将预应力筋穿入管道内的工艺方法称为"先穿束",而待混凝土浇筑完毕再将预应力筋穿入孔道的工艺方法称为"后穿束"。一般情况下,先穿束会占用工期,而且预应力筋穿入孔道后至张拉并灌浆的时间间隔较长,在环境湿度较大的南方地区或雨季容易造成预应力筋的锈蚀,进而影响孔道摩擦,甚至影响预应力筋的力学性能。而后穿束时,预应力筋穿入孔道后至张拉灌浆的时间间隔较短,可有效防止预应力筋锈蚀,同时不占用结构施工工期,有利于加快施工速度,是较好的工艺方法。对一端为埋入端,另一端为张拉端的预应力筋,只能采用先穿束工艺,而两端张拉的预应力筋,最好采用后穿束工艺。本条规定主要考虑预应力筋在施工阶段的防锈,有关时间限制是根据国内外相关标准及我国工程实践经验提出的。

6.3.12 预应力筋、管道、端部锚具、排气管等安装后,仍有大量的后续工程在同一工位或其周边进行,如果不采取合理的措施进行保护,很容易造成已安装工程的破损、移位、损伤、污染等问题,影响后续工程及工程质量。例如，外露预应力筋需采取保护措施，否则，容易受混凝土污染；垫板喇叭口和排气管口需封闭，否则，养护水或雨水进入孔道，使预应力筋和管道锈蚀，而混凝土还可能由垫板喇叭口进入预应力孔道，影响预应力筋的张拉。

6.3.13 对于超长的预应力筋，孔道摩擦引起的预应力损失比较大，影响预加力效应。采用减摩材料可有效降低孔道摩擦，有利于提高预加力效应。通常，后张有粘结预应力孔道减摩材料可选用石墨粉、复合钙基脂加石墨、工业凡士林加石墨等。减摩材料会降低预应力筋与灌浆料的粘结力，灌浆前必须清除。

6.3.14 对于长度不大于 60m 且不多于 3 跨的多波曲线束，可采用人力单根穿。对于长度大于 60m 的超长束、多波束、特重束，宜采用卷扬机前拉后送分组穿或整束穿。当超长束需要人力穿束时，可在梁的跨度中间段受力钢筋相对较少的部位设置助力段，利用大一号波纹管移出 1.5m 的空隙段，便于人工助力穿束；穿束完成后，将移出的波纹管复位。以上穿束方法，应根据孔道坡形、长度与孔径，以及预应力筋表面状态、具体施工条件等灵活应用。对穿束困难的孔道，应适当增大预留孔道直径。

6.3.17 在竖向孔道中，采用整束由下向上牵引方法进行穿束是比较安全的，应优先采用。

6.3.18 混凝土浇筑前穿入孔道的预应力筋，经历混凝土浇筑、养护等过程，预应力筋在孔道内时间较长，容易引起锈蚀，进而影响孔道摩擦力，严重的甚至会影响预应力筋的力学性能。由于以往相关规范中没有相应的限制规定，加上对孔道成孔质量的担心，工程中普遍采用先穿束工艺，预应力筋锈蚀情况比较严重，有必要进行适当的限制。本条时间间隔规定考虑了建筑工程和市政工程的特点，适当延长了时间间隔，同时也是对采用后穿束工艺的一种鼓励。防锈措施有：封闭管道的各个开口，包括端部锚垫板喇叭口、灌浆口、排气口或泌水管口等，此外对外露预应力筋采用防水胶布进行封裹。当采取后穿束留孔时，为防止混凝土浇筑过程中波纹管漏浆墙孔,宜采用通孔器通孔;当采取先穿束留孔时,宜在混凝土浇筑过程中拉动预应力筋疏通孔道。若对留孔质量把关严格,浇筑混凝土时又得到有效保护,可免除通孔工序。

6.3.19 预应力筋系施加预应力的钢丝、钢绞线和精轧螺纹钢筋等的总称。与预应力筋相关的国家现行标准有:《预应力混凝土用钢绞线》GB/T 5224、《预应力混凝土用钢丝》GB/T 5223、《中强度预应力混凝土用钢丝》YB/T 156、《预应力混凝土用螺纹钢筋》GB/T 20065、《无粘结预应力钢绞线》JG 161。

6.4 张拉和放张

6.4.1 预应力筋张拉前,根据张拉控制应力和预应力筋面积确定张拉力,然后根据千斤顶标定结果确定油泵压力表读数,同时根据预应力筋曲线线形及摩擦系数计算张拉伸长值;现场检查确认混凝土施工质量,确保张拉阶段不致出现局部承压区破坏等异常情况。

6.4.2 张拉设备由千斤顶、油泵及油管等组成,其输出力需通过油泵中的压力表读数来确定,因此,需要在使用前进行标定。为消除系统误差影响,要求设备配套标定并配套使用。此外,千斤顶的活塞运行方向不同,其内摩擦也有差异,因此,规定千斤顶活塞运行方向应与实际张拉工作状态一致。

6.4.3 张拉端锚具安装对中可保证千斤顶安装对中;张拉力作用线与预应力束中心线重合,可以保证预应力筋轴向受拉,防止张拉时预应力筋剪断。

6.4.4 先张法构件的预应力是靠粘结力传递的,过低的混凝土强度,其相应的粘结强度也较低,造成预应力传递长度增加。因此,本条规定了放张时的混凝土最低强度值。后张法结构中,预应力是靠端部锚具传递的,应保证锚垫板和局部受压加强钢筋选用和布置得当。特别是当采用铸造锚垫板时,应根据锚具供应商提供的产品技术手册相关的技术参数选用与铺具配套的锚垫板和局部加强钢筋,以及确定张拉时要求达到的混凝土强度等技术要求,而这些技术要求需要通过锚固区传力性能检验来确定。另一方面,混凝土结构过早施加预应力,会造成过大的徐变变形,因此,有必要控制张拉时混凝土的龄期。但是,当张拉预应力筋是为防止混凝土早期出现的收缩裂缝时,可不受有关混凝土强度限值及龄期的限制。为防止混凝土早期裂缝而施加预应力时,可不受本条的限制,但应满足局部受压承载力的要求。

6.4.5 设计方所给张拉控制力是指千斤顶张拉预应力筋的力值。由于施工现场的情况往往比较复杂,而且可能存在设计未考虑的额外影响因素,可能需要对张拉控制力进行适当调整,以建立设计要求的有效预应力。预应力孔道的实际摩擦系数可能与设计取值存在差异,当摩擦系数实测值与设计计算取值存在一定偏差时,可通过适当调整张拉力来减小偏差。另外,对要求提高构件在施工阶段的抗裂性能而在使用阶段受压区内设置的预应力筋,以及要求部分抵消由于应力松弛、摩擦、分批张拉、预应力筋与张拉台座之间的温差等因素产生的预应力损失的情况,也可以适当调整张拉力。消除应力钢丝和钢绞线质量较稳定,且常用于后张法预应力工程。从充分利用高强度,但同时避免产生过大的松弛损失,并降低施工阶段钢绞线断裂的原则出发,限制其应力不应大于80%的抗拉强度标准值;中强度预应力钢丝主要用于后张法制作的预应力构件,故其限值应力低于钢绞线;而精轧螺纹钢筋从偏于安全先张考虑,限制其张拉控制应力不大于其屈服强度标准值的90%。

6.4.6 预应力筋张拉时,由于不可避免地受到各种因素的影响,包括千斤顶等设备的标定误差、操作控制偏差、孔道摩擦力变化、预应力筋实际截面积或弹性模量的偏差等,会使得预应力筋的有效预应力与设计值产生差异,从而出现预应力筋实测张拉伸长值与计算值之间的偏差。张拉预应力筋的目的是建立设计希望的预应力,而伸长值校核是为了判断张拉质量是否达到设计规定的要求。如果各项参数都与设计相符,一般情况下,张拉力值的偏差在+5%范围内是合理的。考虑到实际工程的测量精度及预应力筋材料参数的偏差等因素,适当放松了对伸长值偏差的限值,将其最大偏差放宽到±6%。必要时,宜进行现场孔道摩擦系数测定,并可根据实测结果调整张拉控制力。

6.4.7 预应力筋的张拉顺序应使混凝土不产生超应力、构件不扭转与侧弯。因此,对称张拉是一个重要原则。对张拉比较敏感的结构构件,若不能对称张拉,也应尽量做到逐步渐进的施加预应力。减少张拉设备的移动次数,也是施工中应考虑的因素。

6.4.9 一般情况下,同一束有粘结预应力筋应采取整束张拉,使各根预应力筋建立的应力均匀。只有在能够确保预应力筋张拉没有叠压影响时,才允许采用逐根张拉工艺,如平行编排的直线束、只有平面内弯曲的扁锚束以及弯曲角度较小的平行编排的短束等。

6.4.10 预应力筋在张拉前处于松弛状态,需要施加一定的初拉力将其拉紧,初拉力可取为张拉控制力的10%~20%。对塑料波纹管成孔管道内的预应力筋,达到张拉控制力后的持荷,对保证预应力筋充分伸长并建立准确的预应力值非常有效。

6.4.11 预应力工程的重要目的是通过配置的预应力筋,建立设计希望的准确的预应力值。然而,张拉阶段出现预应力筋的断裂,可能意味着,其材料、加工制作、安装及张拉等一系列环节中出现了问题。同时,由于预应力筋断裂或滑脱对结构构件的受力性能影响极大。因此,规定应严格限制其断裂或滑脱的数量。先张法预应力构件中的预应力筋不允许出现断裂或滑脱,若在浇筑混凝土前出现断裂或滑脱,相应的预应力筋应予以更换。本条虽然设在"张拉和放张"一节中,但其控制的不仅是张拉质量,同时也是对材料、制作、安装等工序的质量要求。

6.4.12 锚固阶段张拉端预应力筋的内缩量系指预应力筋锚固

过程中,由于锚具零件之间和锚具与预应力筋之间的相对移动和局部塑性变形造成的回缩值。对于某些锚具的内缩量可能偏大时,只要设计有专门规定,可按设计规定确定;当设计无专门规定时,则应符合本条的规定,并需要采取必要的工艺措施予以满足。在现行行业标准《预应力筋用锚具、夹具和连接器应用技术规程》JGJ 85 中给出了预应力筋的内缩量测试方法。

6.4.14 后张法预应力筋张拉锚固后,处于高应力工作状态,对其简单直接放松张拉力,可能会造成很大的危险。因此,规定应采用专门的设备和工具放张。

6.4.17 常规张拉工艺有分阶段张拉、分批张拉、分级张拉、分段张拉、变角张拉。分阶段张拉是指在后张预应力结构中,为了平衡各阶段的荷载,采取分阶段施加预应力的方法。分批张拉是指不同束号预应力筋先后错开张拉的方法。分级张拉是指同一束号预应力筋按不同程度张拉的方法。分段张拉是指多跨连续梁分段施工时,通长的预应为筋需要逐段张拉的方法。变角张拉是指张拉作业受到空间限制,需要在张拉端锚具前安装变角块,使预应力筋改变一定的角度后进行张拉的方法。经实际测试,变角 $100°\sim250°$ 时,应超张拉 $2\%\sim3\%$;变角 $25°\sim40°$ 时,应超张拉 5%,以弥补预应力损失。

6.5 灌浆及封锚

6.5.1 张拉后的预应力筋处于高应力状态,对腐蚀很敏感,同时全部拉力由锚具承担,因此,应尽早进行灌浆保护预应力筋,以提供预应力筋与混凝土之间的粘结。饱满、密实的灌浆是保证预应力筋防腐和提供足够粘结力的重要前提。

6.5.2 锚具外多余预应力筋常采用无齿锯或机械切断机切断,也可采用氧-乙炔焰切割多余预应力筋。当采用氧-乙炔焰切割时,为避免热影响可能波及锚具部位,宜适当加大外露预应力筋的长度或采取对锚具降温等措施。本条规定的外露预应力筋长度要求,主要考虑到锚具正常工作及可能的热影响。

6.5.4 采用专门的高速搅拌机(一般为 1000r/min 以上)搅拌水泥浆,既可提高劳动效率,减轻劳动强度,同时也有利于充分搅拌均匀水泥及外加剂等材料,获得良好的水泥浆;如果搅拌时间过长,将降低水泥浆的流动性。水泥浆采用滤网过滤,可清除搅拌中未被充分分散开的颗粒,可降低灌浆压力,并提高灌浆质量。当水泥浆中掺有缓凝剂且有可靠工程经验时,水泥浆拌合后至灌入孔道的时间可适当延长。

6.5.5 本条规定了一般性的灌浆操作工艺要求。对因故尚未灌注完成的孔道,应采用压力水冲洗该孔道,并采取措施后再行灌浆。

6.5.6 真空辅助灌浆时在预应力孔道的一端采用真空泵抽吸孔道中的空气,使孔道内形成-0.06MPa~-0.10MPa 的真空度,然后在孔道的另一端采用灌浆泵进行灌浆。真空辅助灌浆技术的优点:

1 在真空状态下,孔道内的空气、水分以及混在浆体中的气泡被消除,增强了浆体的密实度。

2 孔道在真空状态下,减小了由于孔道高低弯曲而使浆体自身形成的压头差,便于浆体充盈整个孔道,尤其是一些异形关键部位。

3 真空辅助灌浆的过程是一个连续且迅速的过程,缩短了灌浆时间。

4 采用真空辅助灌浆工艺时,宜采用专用成品灌浆料或专用压浆剂配置的浆体,能显著提高灌浆的密实度。真空辅助灌浆有固定的操作程序,严格按规定操作执行才能保证灌浆质量。

6.5.7 灌浆质量的检测比较困难,详细填写有关灌浆记录,有利于灌浆质量的把握和今后的检查。灌浆记录内容一般包括灌浆日期、水泥品种、强度等级、配合比、灌浆压力、灌浆量、灌浆起始和结束时间,以及灌浆出现的异常情况及处理情况等。

6.5.8 锚具的封闭保护是一项重要的工作。主要是防止锚具及垫板的腐蚀、机械损伤,并保证抗火能力。为保证耐久性,封锚混凝土的保护层厚度大小需随所处环境的严酷程度而定。无粘结预应力筋通常要求全长封闭,不仅需要常规的保护,还需要更为严密的全封闭不透水的保护系统。因此,不仅其锚具应认真封闭,预应力筋与锚具的连接处也应确保密封性。

6.6 质量标准

6.6.1 预应力工程材料主要指预应力筋、锚具、夹具和连接器、成孔管道等。进场后需复验的材料性能主要有:预应力筋的强度、锚夹具的锚固效率系数、成孔管道的径向刚度及抗渗性等。原材料进场时,供方应按材料进场验收所划分的检验批,向需方提供有效的质量证明文件。

6.6.2 预应力筋制作主要包括下料、端部锚具制作等内容。钢丝束采用镦头锚具时,需控制下料长度偏差和镦头的质量,故需检查下料长度和镦头的外观、尺寸等。镦头的力学性能通过锚具组装件试验确定,可在锚具等材料检验中确认。挤压锚具的制作质量,需要依靠组装件的拉力试验确定,而大量的挤压锚制作质量,则需要靠挤压记录和挤压后的外观质量来判断,包括挤压油压、挤压锚表面是否有划痕,是否平直,预应力筋外露长度等。钢绞线压花锚具的质量,主要依赖于其压花后形成的梨形头尺寸,故需检验其梨形头尺寸。

6.6.3 预应力筋、预留孔道、锚垫板和锚固区加强钢筋的安装质量,主要应检查确认预应力筋品种、级别、规格、数量和位置,成孔管道的规格、数量、位置、形状以及灌浆孔、排气兼泌水孔,锚垫板和局部加强钢筋的品种、级别、规格、数量和位置,预应力筋锚具和连接器的品种、规格、数量和位置等。实际上,作为原材料的预应力筋、锚具、成孔管道等已经过进场检验,主要是检查与设计的符合性,而管道安装中的排气孔、泌水孔是不能忽略的细节。

6.6.4 预应力筋张拉和放张质量首先与材料、制作以及安装质量相关,在此基础上,需要保证张拉和放张时的同条件养护混凝土试块的强度符合设计要求。铺固阶段预应力筋的内缩量,夹片式锚具锚固后夹片的位置及预应力筋划伤情况等,都是张拉锚固质量相关的重要的因素。而大量后张预应力筋的张拉质量,要根据张拉记录予以判断,包括张拉伸长值、回缩值、张拉过程中预应力筋的断裂或滑脱数量等。

6.6.7 灌浆质量与成孔质量有关,同时依赖于水泥浆的质量和灌浆操作的质量。首先,水泥浆的稠度、泌水率、膨胀率等应予控制;其次,灌浆施工应严格按操作工艺要求进行,其质量除现场查看外,更多依据灌浆记录;最后,还要根据水泥浆试块的强度试验报告确认水泥浆的强度是否满足要求。

6.6.9 封锚是对外露锚具的保护,同样是重要的工程环节。首先,锚具外预应力筋长度应符合设计要求;其次封闭的混凝土的尺寸应满足设计要求,以保证足够的保护层厚度;最后,还应保证封闭砂浆或混凝土的质量,包括与结构混凝土的结合及封锚材料的密实性等。当然,采用混凝土封闭时,混凝土强度也是重要的质量因素。

7　混凝土制备和运输

7.1　一般规定

7.1.3　进行混凝土配合比设计时,主要应考虑下列因素:

　　1　工程特征(如构件类型、所处环境及位置、最大厚度、最小断面尺寸、钢筋最小净距等)。

　　2　工程设计要求(如强度等级、抗渗等级等)。

　　3　施工工艺(如运输、振捣、泵送方法、养护方法以及管道铺设等)。

　　4　材料性能要求(如水泥品种、等级、集料种类及最大粒径、掺合料、外加剂的种类及掺量等)。

　　5　其他要求(运输时间、气候条件、路途远近等)。

7.1.4　本条根据各地施工现场对采用预拌混凝土的管理要求,规定了预拌混凝土生产单位应向工程施工单位提供的主要技术资料。其中混凝土抗压强度报告和混凝土质量合格证应在 32d 内补送,其他资料应在交货时提供。本条所指其他资料应在合同中约定,主要是指当工程结构有要求时,应提供混凝土氯化物和碱总量计算书、砂石碱活性试验报告等。

7.2　原材料

7.2.1　水泥的品种主要有硅酸盐水泥、普通硅酸盐水泥、矿渣硅酸盐水泥、火山灰质硅酸盐水泥、粉煤灰硅酸盐水泥和复合硅酸盐水泥等。

7.2.2　在工程用砂的范围方面,近几年因天然砂资源的有限,不少地方采用机制砂配制混凝土积累了丰富的应用经验,上海市也在 2002 年批准颁布了《人工砂在混凝土中的应用技术规程》DG/TJ 08-506。因此,该条款将机制砂列入混凝土用原材料,对保护自然资源、推广应用机制砂具有积极意义。

7.2.3 本条规定了碎石质量除必须符合有关质量指标外,还应根据混凝土结构、钢筋间距以及泵送要求确定碎石的最大粒径。

7.2.4 粉煤灰质量必须符合现行国家标准《用于水泥和混凝土中的粉煤灰》GB/T 1596、《粉煤灰混凝土应用技术规范》GBJ 146 和现行行业标准《粉煤灰在混凝土和砂浆中应用技术规程》JGJ 28 的规定。粒化高炉矿渣微粉质量必须符合现行国家标准《用于水泥和混凝土中的粒化高炉矿渣粉》GB/T 18046 的规定。其他活性掺合料质量必须符合有关规定。作为掺合料的粉煤灰、矿渣微粉已成为混凝土配制的重要组分。随着高性能混凝土、绿色混凝土、特殊要求混凝土在各种工程上需求的增多,硅粉作为又一种掺合料在工程上的应用也日益增多。因此,本条款将矿渣微粉和硅粉列入掺合料品种,以适应工程应用的需要。

7.2.5 外加剂质量必须符合现行国家标准《混凝土外加剂》GB 8076 和《混凝土外加剂匀质性试验方法》GB/T 8077 的规定。在混凝土原材料中水泥对外加剂吸附性影响很大,在外加剂掺量不变条件下,其减水效果、流动度受水泥矿物组成和掺合料的影响,因此,必须检验外加剂与水泥及掺合料的适应性。

7.2.7 为了防止混凝土发生碱-骨料反应,制定此条规定。含碱量限值的规定参考了现行国家标准《混凝土结构设计规范》GB 50100 的有关规定。

7.2.8 混凝土中氯盐含量过高,会引起钢筋锈蚀。上海为潮湿环境地区,对氯盐含量更应进行控制。本条氯盐含量限值参考了现行国家标准《混凝土结构设计规范》GB 50010、《混凝土质量控制标准》GB 50164 和现行上海市工程建设规范《高强泵送混凝土生产和施工规程》DG/TJ 08-503 的规定。

7.2.9 本条参考了现行国家标准《民用建筑工程室内环境污染控制规范》GB 50325强制性条文的规定。

7.3 混凝土配合比设计

7.3.2 高强混凝土对配合比有特殊要求,其水灰比(水胶比)的计算以及其他一些设计参数的取值与普通混凝土不同,应当严格控制。这些技术参数应该通过试验确定;当混凝土生产单位有可靠的试验资料并经过工程实践检验时,也可参照,但应符合本标准的规定。

7.3.3 自密实混凝土是一种特殊混凝土,在国外已经有了较为成熟的应用经验。在我国,自密实混凝土的应用还处在起步阶段,还缺乏经验。本条根据上海建工集团的一些工程施工实例和试验的情况,提出了一些初步的原则,供有关单位参考。

7.4 混凝土的运输

7.4.3 减水剂加入后,实际上,配合比发生了变化,混凝土在快速搅拌均匀后,应测试坍落度和取样制作试块。应由施工单位与混凝土生产厂家商议确定是否需要增加减水剂,然后由混凝土生产厂家负责添加减水剂,由监理单位负责监督,并形成相关书面记录。

7.5 质量标准

7.5.1 原材料进场时,供方应按材料进场验收所划分的检验批,向需方提供有效的质量证明文件,这是证明材料质量合格以及保证材料能够安全使用的基本要求。各种建筑材料均应具有质量证明文件,这一要求已经列入我国法律、法规和各项技术标准。

当能够确认两次以上进场的材料为同一厂家同批生产时,为了在保证材料质量的前提下简化对质量证明文件的核查工作,本条规定也可按照出厂检验批提供质量证明文件。

7.5.2 本条规定的目的,一是通过原材料进场检验,保证材料质量合格,杜绝假冒伪劣和不合格产品用于工程;二是在保证工程材料质量合格的前提下,合理降低检验成本。本条提出了扩大检验批量的条件,主要是从材料质量的一致性和稳定性考虑作出的规定。

7.5.3 本条第 1 款参照现行国家标准《混凝土结构工程施工质量验收规范》GB 50204 的相关规定。强度、安定性是水泥的重要性能指标,进场时应复验。

7.5.4 水泥出厂超过 3 个月(快硬硅酸盐水泥超过 1 个月),或因存放不当等原因,水泥质量可能产生受潮结块等品质下降,直接影响混凝土结构质量,故本条规定此时应进行复验,应严格执行。

本条应按复验结果使用的规定,其含义是当复验结果表明水泥品质未下降时可以继续使用;当复验结果表明水泥强度有轻微下降时可在一定条件下使用。当复验结果表明水泥安定性或凝结时间出现不合格时,不得在工程上使用。

7.5.7 混凝土拌合物的工作性应以坍落度或维勃稠度表示,坍落度适用于塑性和流动性混凝土拌合物,维勃稠度适用于干硬性混凝土拌合物。其检测方法应按现行国家标准《普通混凝土拌合物性能试验方法标准》GB/T 50080 的规定执行。

混凝土拌合物坍落度可按表 1 分为 5 级,维勃稠度可按表 2 分为 5 级。

表 1 混凝土拌合物按坍落度的分组

等级	坍落度(mm)
S1	10～40
S2	50～90
S3	100～150
S4	160～210
S5	≥220

注:坍落度检测结果,在分级评定时,其表达值可取舍至临近的 10mm。

表 2 混凝土拌合物按维勃稠度的分级

等级	维勃时间(s)
V0	≥31
V1	30～21
V2	20～11
V3	10～6
V4	5～3

8 现浇结构工程

8.1 一般规定

8.1.1 本条规定了混凝土浇筑前应该完成的主要检查和验收工作,混凝土浇筑前应对施工方案进行技术交底并检查现场执行情况。混凝土浇筑填写申请单并获得监理签认是程序性要求。

8.1.2 本条规定了混凝土入模温度的上下限值要求。规定混凝土最低入模温度是考虑抗冻要求;规定混凝土入模最高温度是为了控制混凝土最高温度,以利于混凝土裂缝控制。

8.1.3 混凝土运输、输送、浇筑过程中加水会严重影响混凝土质量;运输、输送、浇筑过程中散落的混凝土,不能保证混凝土拌合物的工作性和质量。

8.1.4 混凝土浇筑过程中模板内钢筋、预埋件等移动,会产生质量隐患。浇筑过程中需设专人分别对模板和预埋件以及钢筋、预应力筋等进行看护,当模板、预埋件、钢筋位移超过允许偏差时应及时纠正。本条中所指的预埋件是指除钢筋以外按设计要求预埋在混凝土结构中的构件或部件,包括波纹管、锚垫板等。

8.1.5 本条第 5 款的唯一性标识应根据《关于在上海市建设工程检测中使用唯一性识别标识的通知》(沪建交〔2013〕228 号)的要求设置。

8.1.6 由于相同配合比的抗掺混凝土因施工造成的差异不大,故规定了对有抗渗要求的混凝土结构应按同一工程、同一配合比取样不少于 1 次。由于影响试验结果的因素较多,需要时可多留置几组试件。抗渗试验应符合现行国家标准《普通混凝土长期性能和耐久性能试验方法》GBJ 82 的有关规定。

8.1.7 平行检测应根据《关于发布〈上海市建设工程施工监理平行检测的若干规定〉的通知》(沪建交〔2013〕233号)的要求操作。监理平行检测的比例应符合下列要求：

1 保障性住宅工程监理平行检测数量不低于规范要求检测数量的30%。

2 除保障性住宅以外的房屋和基础设施工程中监理平行检测数量不低于规范要求检测数量的20%。

8.2 混凝土输送

8.2.1 混凝土输送是指对运输至现场的混凝土采用输送泵、溜槽、吊车配备斗容器、升降设备配备小车等方式送至浇筑点的过程。为提高机械化施工水平，提高生产效率，保证施工质量，应优先选用预拌混凝土泵送方式。

8.2.2 本条对输送泵选择及布置作了规定。

1 常用的混凝土输送泵有汽车泵、拖泵(固定泵)、车载泵三种类型。由于各种输送泵的施工要求和技术参数不同，故泵的选型应根据工程需要确定。

2 混凝土输送泵的配备数量，应根据混凝土一次浇筑量和每台泵的输送能力以及现场施工条件，经计算确定。混凝土泵配备数量可根据现行行业标准《混凝土泵送施工技术规程》JGJ/T 10的相关规定进行计算。对于一次浇筑量较大、浇筑时间较长的工程，为避免输送泵可能遇到的故障而影响混凝土浇筑，应考虑设置备用泵。混凝土运输通道一般指运输预拌混凝土的搅拌车施工场地内的行走路线，应保证车辆进出方便。

3 输送泵设置位置的合理与否，直接关系到输送泵管距离的长短、输送泵管弯管的数量，混凝土运输车辆上泵的便利性，进而影响混凝土输送能力。为了最大限度发挥混凝土输送能力，合理设置输送泵的位置显得尤为重要。

4 输送泵采用汽车泵时,其布料杆作业范围不得有障碍物、高压线等;采用汽车泵、拖泵或车载泵进行泵送施工时,应离开建筑物一定距离,防止高空坠物。在建筑下方固定位置设置拖泵进行混凝土泵送施工时,应在拖泵上方设置安全防护设施。

5 混凝土输送泵自重较大,若设置在地下室顶板结构上时,应验算结构的承载力;不能满足承载要求时,应采取加固措施。

8.2.3 本条对输送泵管的选择和支架的设置作了规定。

1 混凝土输送泵管应与混凝土输送泵相匹配。通常情况下,汽车泵采用内径 150mm 的输送泵管,拖泵和车载泵采用内径 125mm 的输送泵管。在特殊工程需要的情况下,拖泵也可采用内径 150mm 的输送泵管。此时,可采用相同管径的输送泵输送混凝土,也可采用大小接头转换管径的方法输送混凝土。

3 竖向输送泵管通常设置在靠近楼板的结构预留孔内,以方便检修和维护。

5 输送泵管的弯管采用较大的转弯半径以使输送管道转向平缓,可以大大减少混凝土输送泵的泵口压力,降低混凝土输送难度。如果输送泵管安装接头不严密或不按要求安装接头密封圈,而使输送管道漏气、漏浆,这些因素都是造成堵泵的直接原因,因此,在施工现场应严格控制。水平输送泵管和竖向输送泵管都应该采用支架进行固定,支架与输送泵管的连接和支架与结构的连接都应连接牢固。输送泵管、支架严禁直接与脚手架或模架相连接,以防发生安全事故。由于在输送泵管的弯管转向区域受力较大,通常情况下弯管转向区域的支架应加密。输送泵管对支架的作用以及支架对结构的作用都应经过验算;必要时,对结构进行加固,以确保支架使用安全和对结构无损害。

6 为了控制竖向输送泵管内的混凝土在自重作用下对混凝土泵产生过大的压力,水平输送泵管的直管和弯管总的折算长度与竖向输送高度之比应进行控制,根据以往工程经验,比值按 0.2 倍的输送高度控制较为合理。水平输送泵的直管和弯管的折

算长度可按现行行业标准《混凝土泵送施工技术规程》JGJ/T 10
进行计算。

7 输送泵管倾斜或垂直向下输送混凝土时,在高差较大的
情况下,由于输送泵管内的混凝土在自重作用下会下落而造成空
管,此时极易产生堵管。根据以往工程经验,当高差大于 20m 时,
堵管概率大大增加。因此,有必要对输送泵管下端的直管和弯管
总的折算长度进行控制。直管和弯管总的折算长度可按现行行
业标准《混凝土泵送施工技术规程》JGJ/T 10 进行计算。当采用
自密实混凝土时,输送泵管下端的直管和弯管总的折算长度与上
下高差的倍数关系,可通过试验确定。当输送泵管下端的直管和
弯管总的折算长度控制有困难时,可采用在输送泵管下端设置截
止阀的方法解决。

8 输送高度较小时,输送泵出口处的输送泵管位置可不设
截止阀。输送高度大于 100m 时,混凝土自重对输送泵的泵口压
力将大大增加,为了对混凝土输送过程进行有效控制,要求在输
送泵出口处的输送泵管位置设置截止阀。

9 混凝土输送泵管在输送混凝土时,重复承受着非常大的
作用力,其输送泵管的磨损以及支架的疲劳损坏经常发生。因
此,对输送泵管及其支架进行经常检查和维护是非常重要的。

8.2.4 本条对输送布料设备的选择和布置作了规定。

1 布料设备是指安装在输送泵管前端,用于混凝土浇筑的
布料机或布料杆。布料设备应根据工程结构特点、施工工艺、布
料要求和配管情况等进行选择。布料设备的输送管内径在通常
情况下是与混凝土输送泵管内径相一致的,最常用的布料设备输
送管采用内径 125mm 的规格。如果采用内径 150mm 输送泵管
时,可采用 150mm~125mm 转换接头进行管径转换,或者采用相
同管径的混凝土布料设备。

2 布料设备的施工方案是保证混凝土施工质量的关键,合
理的施工方案应能使布料设备均衡而迅速地进行混凝土下料

浇筑。

3 布料设备在浇筑混凝土时,一般会根据工程特点,安装在结构上或施工设施上。由于布料设备在使用过程中冲击力较大,所以安装位置处的结构或施工设施应进行相应的验算,不满足承载要求时应采取加固措施。

4 布料设备在使用中,弯管处磨损最大,爆管或堵管通常都发生在弯管处。对弯管加强检查、及时更换,是保证安全施工的重要环节。弯管壁厚可使用测厚仪检查。

5 布料设备伸开后作业高度和工作半径都较大,如果作业范围内有障碍物、高压线等,容易导致安全事故发生,所以施工前应勘察现场、编写针对性施工方案。布料设备作业时,应控制出料口位置;必要时,应采取高空防护措施,防止出料口混凝土高空坠落。

6 由于移动式布料设备自重较大,超出了一般模板支架的承载力要求,因此,应根据计算对布料设备放置处的模板支架作必要的加固。

7 由于壁挂式布料设备对混凝土墙体会产生附加力和弯矩,因此,需对混凝土墙体的承载力进行复核;当不能满足承载力要求时,应采取加固措施。

8.2.5 为了保证混凝土的工作性,提出了输送混凝土的过程根据工程所处环境条件采取相应技术措施的要求。

8.2.6 输送泵使用前要求编制操作规程,操作规程应符合产品说明书要求。本条对输送泵输送混凝土的主要环节作了规定。

1 泵水是为了检查输送泵的性能以及通过湿润输送泵的有关部位来达到适宜输送的条件。

2 用水泥砂浆对输送泵和输送泵管进行湿润,是顺利输送混凝土的关键,如果不采取这一技术措施将会造成堵泵或堵管。润泵砂浆应分布均匀,不能集中在某一柱、梁或局部结构中。

3 开始输送混凝土时掌握节奏是顺利进行混凝土输送的重

要手段。

    4 输送泵集料斗设网罩,是为了过滤混凝土中大粒径石块或泥块;集料斗具有足够混凝土余量,是为了避免吸入空气,产生堵泵。

8.2.7 本条对吊车配备斗容器输送混凝土作了规定。应结合起重机起重能力、混凝土浇筑量以及输送周期等因素,综合确定斗容器容量大小。运输至现场的混凝土直接装入斗容器进行输送,而不采用相互转运的方式输送混凝土,以及斗容器在浇筑点直接布料,是为了减少混凝土拌合物转运次数,以保证混凝土工作性和质量。

8.2.8 本条所指的升降设备,包括用于运载人或物料的升降电梯以及用于运载物料的货梯或升降井架。采用升降设备配合小车输送混凝土在工程中时有发生,为了保证混凝土浇筑质量,要求编制具有针对性的施工方案。运输后的混凝土若采用先卸料,后进行小车装运的输送方式,卸料点应采用硬地坪或铺设钢板形式与地基土隔离,硬地坪或钢板面应湿润并不得有积水。为了减少混凝土拌合物转运次数,通常情况下不宜采用多台小车相互转载的方式输送混凝土。

8.3 混凝土浇筑

8.3.1 洒水湿润是为了避免干燥的表面吸附混凝土中的水分,从而使混凝土特性发生改变。金属模板若温度过高,同样会影响混凝土的特性,洒水可以达到降温的目的。现场环境温度是指工程施工现场实测的大气温度。

8.3.2 混凝土浇筑均匀性是为了保证混凝土各部位浇筑后具有相类同的物理和力学性能;混凝土浇筑密实性是为了保证混凝土浇筑后具有相应的强度等级。对于每一块连续区域的混凝土,建议采用一次连续浇筑的方法,以保证每个混凝土浇筑段成为连续均匀的整体。

8.3.3 混凝土分层厚度的确定应与采用的振捣设备相匹配,以免发生因振捣设备原因而产生漏振或欠振情况;混凝土连续浇筑是相对的,在连续浇筑过程中会因各种原因而产生时间间歇,时间间歇应尽量缩短,最长时间间歇应保证上层混凝土在下层混凝土初凝之前覆盖。为了减少时间间歇,应保证混凝土的供应量。

8.3.4 为了更好地控制混凝土质量,混凝土应以最少的运载次数和最短的时间完成混凝土运输、输送入模过程,本标准表8.3.4-1的延续时间规定可作为通常情况下的时间控制值,应努力做到。混凝土运输过程中会因交通等原因而产生时间间歇,运输到现场的混凝土也会因为输送等原因而产生时间间歇,在混凝土浇筑过程中也会因为不同部位浇筑及振捣工艺要求而减慢输送产生时间间歇。对各种原因产生的总的时间间歇应进行控制,本标准表8.3.4-2规定了运输、输送入模及其间歇总的时间限值要求。表格中外加剂为常规品种,对于掺早强型减水剂、早强剂的混凝土以及有特殊要求的混凝土,延续时间会更小,应通过试验确定。

8.3.5 本条对泵送混凝土浇筑作了规定。

1 当需要采用多台混凝土输送泵浇筑混凝土时,应充分考虑各种因素来确定各台输送泵的浇筑区域以及浇筑顺序,从方案上对混凝土浇筑进行质量控制。

2 采用输送泵管浇筑混凝土时,由远而近的浇筑方式应优先采用,这样的施工方法比较简单,过程中只需适时拆除输送泵管即可。在特殊情况下,也可采用由近而远的浇筑方式,但距离不宜过长,否则容易造成堵管或造成浇筑完成的混凝土表面难以进行抹面收尾工作。各台混凝土输送泵保持浇筑速度基本一致,是为了均衡浇筑,避免产生混凝土冷缝。

3 混凝土泵送前,通常先泵送水泥砂浆,少数浆液可用于湿润开始浇筑区域的结构施工缝,多余浆液应采用集料斗等容器收集后运出,不得用于结构浇筑。水泥砂浆与混凝土浆液同成分是指以该强度等级混凝土配合比为基准,去除石子后拌制的水泥砂浆。由于泵送混凝土粗骨料粒径通常采用不大于 25mm 的石子,所以要求接浆层厚度不应大于 30mm。

4 在混凝土供应不及时的情况下,为了能使混凝土连续浇筑,满足本标准第 8.3.4 条的规定,采用间歇泵送方式是通常采用的方法。所谓间歇泵送,就是指在预计后续混凝土不能及时供应的情况下,通过间歇式泵送,控制性地放慢现场现有混凝土的泵送速度,以保证混凝土的质量。

5 通常情况下,模板支架的计算荷载不考虑混凝土堆高造成的超载,为了保证模板支架的承载力和整体稳定性,应严格控制此部分超载。

6 通常情况下,混凝土泵送结束后,采用水洗的方式对泵管和输送泵进行清洗,以达到重复使用的目的。

8.3.6 减少混凝土下料冲击的主要措施是使混凝土布料点接近浇筑位置,采用串筒、溜管、溜槽等装置也可以减少混凝土下料冲击。在通常情况下,可直接采用输送泵管或布料设备进行布料,采用这种集中布料的方式可最大限度减少与钢筋的碰撞;若输送泵管或布料设备的端部通过串筒、溜管、溜槽等辅助装置进行下料时,其下料端的尺寸只需比输送泵管或布料设备的端部尺寸略大即可;大量工程实践证明,串筒、溜管下料端口直径过大或溜槽下料端口过宽,是发生混凝土浇筑离析的主要原因。

8.3.7 混凝土浇筑倾落高度,是指所浇筑结构的高度加上混凝土布料点距本次浇筑结构顶面的距离。混凝土浇筑离析现象的产生,与混凝土下料方式、最大粗骨料粒径以及混凝土倾落高度有最主要的关系。大量工程实践证明,泵送混凝土采用最大粒径不大于 25mm 的粗骨料,且混凝土最大倾落高度控制在 6m 以内时,混凝土不会发生离析,这主要是因为混凝土较小的石子粒径减少了与钢筋的冲击。对于粗骨料粒径大于 25mm 的混凝土,其倾落高度仍应严格控制。本条表中倾落高度限值适用于常规情况,对柱、墙底部钢筋极为密集的特殊情况,仍需增加措施,以防止混凝土离析。

8.3.8 本条对结构柱、墙混凝土设计强度等级高于梁、板混凝土设计强度等级时的浇筑作了规定。

1 柱、墙位置梁板高度范围内的混凝土是侧向受限的,相同强度等级的混凝土在侧向受限条件下的强度等级会提高。但由于缺乏试验数据,无法说明这个区域的混凝土强度可以提高两个等级,故本条规定了只可按提高一个强度等级进行考虑。所谓混凝土相差一个等级,是指相互之间的强度等级差值为C5,一个等级以上即为C5的整数倍。

2 柱、墙混凝土设计强度比梁、板混凝土设计强度高两个等级及以上时,应在低强度等级的构件中采用分隔措施,分隔位置的两侧采用相应强度等级的混凝土浇筑。

3 在高强度等级混凝土与低强度等级混凝土之间采取分隔措施,是为了保证混凝土交界面工整清晰,分隔可采用钢丝网板等措施。对于钢筋混凝土结构工程,分隔位置两侧的混凝土虽然分别浇筑,但应保证在一侧混凝土浇筑后的初凝前,完成另一侧混凝土的覆盖。因此,分隔位置不是施工缝,而是临时隔断。先浇筑低区部分混凝土再浇筑高区部分混凝土,可保证高低相接处的混凝土浇筑密实。

8.3.9 混凝土施工缝不应随意留置,其位置应事先在施工技术方案中确定,并且应符合本标准的规定。混凝土后浇带对避免混凝土结构的温度收缩裂缝等有较大作用。混凝土后浇带位置应按设计要求留置,后浇带混凝土的浇筑时间、处理方法等也应事先在技术方案中确定。本条对超长结构混凝土浇筑作了规定。

1 超长结构是指按规范要求需要设缝或因种种原因无法设缝的结构构件。大量工程实践证明,分仓浇筑超长结构是控制混凝土裂缝的有效技术措施,本条规定了分仓间隔浇筑混凝土的最短时间。

2 对于需要留设后浇带的工程,本条规定了后浇带最短的封闭时间。

3 整体基础中调节沉降的后浇带,典型的是主楼与裙房基础间的沉降后浇带。为了解决相互间的差异沉降以及超长结构裂缝控制问题,通常采用留设后浇带的方法,在沉降稳定后封闭后浇带是为了保证结构不会因差异沉降产生裂缝。

4 后浇带的留设一般都会有相应的设计要求,后浇带的封闭时间尚应征得设计单位确认。

8.3.10 本条对型钢混凝土结构浇筑作了规定。

1 型钢周边绑扎钢筋后,在型钢和钢筋密集处的各部分,为了保证混凝土充填密实,本款规定了混凝土粗骨料最大粒径。

2 应根据施工图纸以及现场施工实际,仔细分析并确定混凝土下料位置,以确保混凝土有充分的下料位置,并能使混凝土充盈整个构件的各部位。

3 型钢周边混凝土浇筑同步上升,是为了避免混凝土高差过大而产生的侧向力,造成型钢整体位移超过允许偏差。

8.3.11 本条对自密实混凝土浇筑作了规定。

1 浇筑方案应充分考虑自密实混凝土的特性,应根据结构部位、结构形状、结构配筋等情况选择具有针对性的自密实混凝土配合比和浇筑方案。由于自密实混凝土流动性大,施工方案中应对模板拼缝提出相应要求,模板侧压力计算应充分考虑自密实混凝土的特点。

2 采用粗骨料最大粒径为 25mm 的石子较难配制真正意义上的自密实混凝土,自密实混凝土采用粗骨料最大粒径不大于 20mm 的石子进行配制较为理想,所以采用粗骨料最大粒径不大于 20mm 的石子配制自密实混凝土应是首选。

3 在钢筋、预埋件、预埋钢构周边及模板内各边角处,为了保证混凝土浇筑密实,必要时可采用小规格振动棒进行适宜的辅助振捣,但不宜多振。

4 自密实混凝土虽然具有很大的流动性,但在浇筑过程中为了更好地保证混凝土质量,控制混凝土流淌距离,选择适宜的布料点并控制间距,是非常有必要的。在缺乏经验的情况下,可通过试验确定混凝土布料点下料间距。

8.3.12 本条对清水混凝土结构浇筑作了规定。

1 构件分区是指对整个工程不同的构件进行划分,而每一个分区包含了某个区域的结构构件。对于结构构件较大的大型工程,应根据视觉特点将大型构件分为不同的分区,同一构件分区应采用同批混凝土,并一次连续浇筑。

2 同层混凝土是指每一相同楼层的混凝土,同区混凝土是指同层混凝土的某一区段。对于某一个单位工程,如果条件允许可考虑采用同一材料牌号、品种、规格的材料;对于较大的单位工程,如果无法完全做到材料牌号、品种、规格一致,同层或同区混凝土应采用同一材料牌号、品种、规格的材料。

3 混凝土连续浇筑过程中,分层浇筑覆盖的间歇时间应尽可能缩短,以杜绝出现层间接缝痕迹。

8.3.13 本条对预应力结构混凝土浇筑作了规定。具体技术规定也适用于预应力结构的混凝土振捣要求。

1 由于这些部位钢筋、预应力筋、孔道、配件及埋件非常密集,混凝土浇筑及振捣过程易使其位移或脱落,故作本款规定。

2 保证锚固区等配筋密集部位混凝土密实的关键,是合理确定浇筑顺序和浇筑方法。施工前应对配筋密集部位进行图纸审核,在混凝土配合比、振捣方法以及浇筑顺序等方面制定相应的技术措施。

8.3.14 为避免混凝土浇筑后裸露表面产生塑性收缩裂缝,在初凝、终凝前进行抹面处理是非常关键的。每次抹面可采用铁板压光磨平两遍或用木蟹抹平搓毛两遍的工艺方法。对于梁板结构以及易产生裂缝的结构部位,应适当增加抹面次数。

8.3.15 本条对叠合构件的混凝土浇筑作了规定。

2 对叠合面提出凹凸面的要求,是为了使混凝土叠合后能形成一个整体。

3 不同的叠合受弯构件可能有不同的受力模式,因此,必须根据设计要求来确定是否需要设置支撑。

8.4 混凝土振捣

8.4.1 混凝土漏振、欠振会造成混凝土不密实,从而影响混凝土结构强度等级。混凝土过振容易造成混凝土泌水以及粗骨料下沉,产生不均匀的混凝土结构。对于自密实混凝土,应采用免振的浇筑方法。

8.4.2 对于模板的边角以及钢筋、埋件密集区域,应采取适当延长振捣时间、加密振捣点等技术措施;必要时,可采用微型振捣棒或人工辅助振捣。接触振动会产生很大的作用力,应避免碰撞模板、钢构、预埋件等,以防止产生超出允许范围的位移。

8.4.3 振动棒通常用于竖向结构以及厚度较大的水平结构振捣,本条对振动棒振捣混凝土作了规定。

1 混凝土振捣应按层进行,每层混凝土都应进行充分的振捣。振动棒的前端插入前一层混凝土,是为了保证两层混凝土间能进行充分的结合,使其成为一个连续的整体。

2 通过观察混凝土振捣过程,判断混凝土每一振捣点的振捣延续时间。

3 混凝土振动棒移动的间距应根据振动棒作用半径而定。对振动棒与模板间的最大距离作出规定,是为了保证模板面振捣密实。采用方格形排列振捣方式时,振捣间距应满足 1.4 倍振动棒的作用半径要求;采用三角形排列振捣方式时,振捣间距应满足 1.7 倍振动棒的作用半径要求。综合两种情况,对振捣间距作出 1.5 倍振动棒的作用半径要求。

8.4.4 平板振动器通常可用于配合振动棒辅助振捣结构表面；对于厚度较小的水平结构或薄壁板式结构,可单独采用平板振动器振捣。本条对平板振动器振捣混凝土作了规定。

1 由于平板振动器作用范围相对较小,所以平板振动器移动应覆盖振捣平面各边角。

2 平板振动器移动间距覆盖已振实部分混凝土的边缘,是为了避免产生漏振区域。

3 倾斜表面振捣时,由低向高处进行振捣,是为了保证后浇筑部分混凝土的密实。

8.4.5 附着振动器通常在装配式结构工程的预制构件中采用,在特殊现浇结构中也可采用附着振动器。本条对附着振动器振捣混凝土作了规定。

1 附着振动器与模板紧密连接,是为了保证振捣效果。不同的附着振动器,其振动作用范围不同;安装在不同类型的模板上,其振动作用范围也可能不同。因此,通过试验确定其安装间距很有必要。

2 附着振动器依次从下往上进行振捣,是为了保证浇筑区域振动器处于工作状态,而非浇筑区域振动器处于非工作状态,随着浇筑高度的增加,从下往上逐步开启振动器。

3 各部位附着振动器的频率要求一致,是为了避免振动器开启后模板系统的不规则振动,保证模板的稳定性。相对面模板附着振动器交错设置,是为了充分利用振动器的作用范围,均匀振捣混凝土。

8.4.6 混凝土分层振捣最大厚度应与采用的振捣设备相匹配,以免发生因振捣设备原因而产生漏振或欠振情况。由于振动棒种类很多,其作用半径也不尽相同,所以分层振捣最大厚度难以用固定数值表述。大量工程实践证明,采用 1.25 倍振动棒作用部分长度作为分层振捣最大厚度的控制是合理的。采用平板振动器时,其分层振捣厚度按 200mm 控制较为合理。

8.4.7 本条对需采用加强振捣措施的部位作了规定。

1 宽度大于 0.3m 的预留洞底部采用在预留洞两侧进行振捣,是为了尽可能减少预留洞两端振捣点的水平间距,充分利用振动棒作用半径来加强混凝土振捣,以保证预留洞底部混凝土密实。宽度大于 0.8m 的预留洞底部,应采取特殊技术措施,避免预留洞底部形成空洞或不密实情况产生。特殊技术措施包括在预留洞底部区域的侧向模板位置留设孔洞,浇筑操作人员可在孔洞位置进行辅助浇筑与振捣;在预留洞中间设置用于混凝土下料的临时小柱模板,在临时小柱模板内进行混凝土下料和振捣,临时小柱模板内的混凝土在拆模后进行凿除。

2 后浇带及施工缝边角由于构造原因,易产生不密实情况。因此,混凝土浇筑过程中加密振捣点、延长振捣时间是必要的。

3 钢筋密集区域或型钢与钢筋结合区域,由于构造原因易产生不密实情况,所以混凝土浇筑过程采用小型振动棒辅助振捣、加密振捣点、延长振捣时间是必要的。

8.5 混凝土养护

8.5.1 养护条件对于混凝土强度的增长有重要影响。在施工过程中,应根据原材料、配合比、浇筑部位和季节等具体情况,制定合理的施工技术方案,采取有效的养护措施,保证混凝土强度正常增长。

8.5.2 本条第 1 款是针对普通混凝土提出的要求。对于一些掺加高性能外加剂和掺合料的混凝土,其终凝时间可能超过 12h,此时应按照其实际终凝的时间来控制。

高强混凝土一般水胶比较小,在强度发生、发展的过程中,收缩量、温度应力等比普通混凝土大,如果养护不及时、不到位,更容易产生裂缝。因此,对高强度混凝土的养护要高度重视。

根据有关资料分析,楼板产生裂缝的原因之一是集中堆载,使得局部荷载超过楼板及其支架的承载力。对于在养护期间的混凝土,强度较低,集中堆载时产生裂缝的可能性更大。对此,本章第 6 款作了规定。实际上,不仅仅是在养护期间,对处于其他阶段的楼板,当集中堆载超过其承载力,也可能产生裂缝及其他隐患,同样要采取措施。

8.5.3 对于楼板等水平构件,可采用蓄水养护;墙、柱等竖向构件宜采用能够保水的木模板,也可在混凝土硬化后,用草帘、麻袋等包裹,并在外面再裹以塑料薄膜。

8.5.4 混凝土带模养护在实践中证明是行之有效的,带模养护可以解决混凝土表面过快失水的问题,也可以解决混凝土温差控制问题。根据本标准第 8.5.3 条条文说明所述的原因,地下室底层和上部结构首层柱、墙前期采用带模养护是有益的。在带模养护的条件下混凝土达到一定强度后,可拆除模板进行后期养护。拆模后采用洒水养护方法,工程实践证明养护效果好。洒水养护的水温与混凝土表面的温差如果能控制在 25℃ 以内当然最好,但由于洒水养护的水量一般较小,洒水后水温会很快升高,接近混凝土表面温度,所以采用常温水进行洒水养护也是可行的。

8.5.5 保证同条件养护试件能与实体结构所处环境相同,是试件准确反映结构实体强度的条件。妥善保管试件,应避免试件丢失、混淆、受损。

8.5.6 具备混凝土标准试块制作条件,采用标准试块养护室或养护箱进行标准试块养护,其主要目的是为了保证现场留样的试块得到标准养护。

8.6 混凝土施工缝与后浇带

8.6.1 混凝土施工缝与后浇带留设位置要求在混凝土浇筑之前确定,是为了强调留设位置应事先计划,而不得在混凝土浇筑过程中随意留设。

8.6.2 本条给出了施工缝和后浇带留设的基本原则。对于受力较复杂的双向板、拱、穹拱、薄壳、斗仓、筒仓、蓄水池等结构构件，其施工缝留设位置应符合设计要求。对有防水抗渗要求的结构构件，施工缝或后浇带的位置容易产生薄弱环节，所以施工缝位置留设同样应符合设计要求。

8.6.3 本条对水平施工缝的留置位置和方向作了规定。

1 楼层结构的类型包括有梁有板的结构、有梁无板的结构、无梁有板的结构。对于有梁无板的结构，施工缝位置是指在梁顶面；对于无梁有板的结构，施工缝位置是指在板顶面。

2 楼层结构的底面是指梁、板、无梁楼盖柱帽的底面。楼层结构的下弯锚固钢筋长度会对施工缝留设的位置产生影响，有时难以满足 0~50mm 的要求，施工缝留设的位置通常在下弯锚固钢筋的底部，此种做法应征得设计单位确认。

4 对于高度较大的柱、墙、梁（墙梁）及厚度较大的基础底板等不便于一次浇筑或一次浇筑质量难以保证时，可考虑在相应位置设置水平施工缝。施工时，应根据分次混凝土浇筑的工况进行施工荷载验算，如需调整构件配筋，其结果应征得设计单位确认。

8.6.4 本条对竖向施工缝的留置位置和方向作了规定。

1 在施工中，楼梯梯段板应留置在跨中 1/3 范围内，此处剪力较小。当确因需要留置在其他部位时，比如梯段板根部，应征得设计单位同意。

2 设备与设备基础是通过地脚螺栓相互连接的，本款对设备基础水平施工缝和竖向施工缝作出规定，是为了保证地脚螺栓受力性能可靠。

8.6.6 本条对承受动力作用的设备基础施工缝的留置位置和方向作了规定。

承受动力作用的设备基础不仅要保证地脚螺栓受力性能的可靠，还要保证设备基础施工缝两侧的混凝土受力性能可靠，施工缝的留设应征得设计单位确认。对于竖向施工缝或台阶形施工缝,为了使设备基础施工缝两侧混凝土成为一个可靠的整体,可在施工缝位置处加设插筋,插筋数量、位置、长度等应征得设计单位确认。

8.6.7 为保证结构构件的受力性能和施工质量,对于基础底板、墙板、梁板等厚度或高度较大的结构构件,施工缝或后浇带界面建议采用专用材料封挡。专用材料可采用定制模板、快易收口板、铜板网、钢丝网等。

8.6.8 混凝土浇筑过程中,因暴雨、停电等特殊原因无法继续浇筑,或不满足本标准表 8.3.4-2 运输、输送入模及其间歇总的时间限值要求,而不得不临时留设施工缝时,施工缝应尽可能规整,留设位置和留设界面应垂直于结构构件表面;当有必要时,可在施工缝处留设加强钢筋。如果临时施工缝留设在构件剪力较大处、留设界面不垂直于结构构件时,应在施工缝处采取增加加强钢筋并事后修凿等技术措施,以保证结构构件的受力性能。

8.6.9 施工缝和后浇带往往由于留置时间较长,其位置容易受建筑废弃物污染,本条规定要求采取技术措施进行保护。保护内容包括模板、钢筋、埋件位置的正确,还包括施工缝和后浇带位置处已浇筑混凝土的质量;保护方法可采用封闭覆盖等技术措施。如果施工缝和后浇带间隔施工时间可能会使钢筋产生锈蚀情况时,还应对钢筋采取防锈或阻锈措施。

8.6.10 本条对施工缝或后浇带处浇筑混凝土作了规定。

    1 施工缝处已浇筑混凝土的强度低于 1.2MPa 时,不能保证新老混凝土的紧密结合。

    2 采用粗糙面、清除浮浆、清理疏松石子、清理软弱混凝土层,是保证新老混凝土紧密结合的技术措施。如果施工缝或后浇带处由于搁置时间较长,而受建筑废弃物污染,则首先应清理建筑废弃物,并对结构构件进行必要的整修。现浇结构分次浇筑的结合面也是施工缝的一种类型。充分湿润施工缝或后浇带,避免施工缝或后浇带积水,是保证新老混凝土充分结合的技术措施。

3 后浇带处的混凝土,由于部位特殊,环境较差,浇筑过程也有可能产生泌水集中,为了确保质量,可采用提高一级强度等级的混凝土进行浇筑。为了使后浇带处的混凝土与两侧的混凝土充分紧密结合,采取减少收缩的技术措施是必要的。减少收缩的技术措施包括混凝土组成材料的选择、配合比设计、浇筑方法以及养护条件等。

5 由于设备基础的地脚螺栓定位精度要求高,在前次混凝土浇筑过程中可能出现偏移,所以在后次混凝土浇筑前应对地脚螺栓进行一次观测校准。

8.7 大体积混凝土裂缝控制

8.7.1 大体积混凝土系指体量较大或预计会因胶凝材料水化引起混凝土内外温差过大而容易导致开裂的混凝土。根据工程施工工期要求,在满足施工期间结构强度发展需要的前提下,对用于基础大体积混凝土和高强度等级混凝土的结构构件,提出了可以采用60d(56d)或更长龄期的混凝土强度,这样有利于通过提高矿物掺合料用量并降低水泥用量,从而达到降低混凝土水化温升、控制裂缝的目的。现行国家标准《混凝土结构设计规范》GB 50010的相关规定也提出设计单位可以采用大于28d的龄期确定混凝土强度等级,此时设计规定龄期可以作为结构评定和验收的依据。56d龄期是28d龄期的2倍,对大体积混凝土,国外工程或外方设计的国内工程采用56d龄期较多,而国内设计的项目采用60d、90d龄期较多,为了兼顾,一并列出。

8.7.2 大体积混凝土施工前,对混凝土浇筑体最大温升值进行估算,是为了指导保温、测温方案的制定。可按现行国家标准《大体积混凝土施工规范》GB 50496进行绝热温升计算,绝热温升即为预估的混凝土最大温升,绝热温升计算值加上预估的入模温度即为预估的混凝土内部最高温度。

8.7.3 本条对基础大体积混凝土结构施工作了规定。

1 控制混凝土入模温度,可以降低混凝土内部最高温度;必要时,可采取技术措施降低原材料的温度,以达到减小入模温度的目的。入模温度可以通过现场测温获得。

2 采用输送泵管浇筑基础大体积混凝土时,输送泵管前端通常不会接布料设备浇筑,而是采用输送泵管直接下料或在输送泵管前段增加弯管进行左右转向浇筑。弯管转向后的水平输送泵管长度一般为 3m~4m 比较合适,故规定了输送泵管间距不宜大于 10m 的要求。如果输送泵管前端采用布料设备进行混凝土浇筑时,可根据混凝土输送量的要求将输送泵管间距适当增大。

3 用汽车泵布料杆浇筑混凝土时,首先应合理确定布料点的位置和数量,汽车泵布料杆的工作半径应能覆盖这些位置。各布料点的浇筑应均衡,以保证各结构部位的混凝土均衡上升,减少相互之间的高差。

4 先浇筑深坑部分再浇筑大面积基础部分,可保证高差交接部位的混凝土浇筑密实,同时也便于进行平面上的均衡浇筑。

5 基础大体积混凝土浇筑最常采用的方法为斜面分层;如果对混凝土流淌距离有特殊要求的工程,混凝土可采用全面分层或分块分层的浇筑方法。保证各层混凝土连续浇筑的条件下,层与层之间的间歇时间应尽可能缩短,以保证整个混凝土浇筑过程连续。

6 对于分层浇筑的每层混凝土,通常采用自然流淌形成斜坡,根据分层厚度要求逐步沿高度均衡上升。不大于 500mm 分层厚度要求,可用于斜面分层、全面分层、分块分层浇筑方法。

7 基础大体积混凝土浇筑由于流淌距离相对较远,坡顶与坡脚距离往往较大,较远位置的坡脚往往容易漏振,故本款作此规定。

8 由于大体积混凝土易产生表面收缩裂缝,所以抹面次数要求适当增加。

9 混凝土浇筑前,基坑可能因雨水或洒水产生积水,混凝土浇筑过程中也可能产生泌水,为了保证混凝土浇筑质量,可在垫层上设置排水沟和集水井。

8.7.4 基础大体积混凝土的前期养护,由于对温差有控制要求,通常不适宜采用洒水养护方式,而应采用覆盖养护方式。覆盖养护层的厚度应根据环境温度、混凝土内部温升以及混凝土温差控制要求确定,通常在施工方案中确定。混凝土温差达到结束覆盖养护条件后,但仍有可能未达到总的养护时间要求,在这种情况下,后期养护可采用洒水养护方法,直至混凝土养护结束。

8.7.5 本条对基础大体积混凝土测温点设置作出了规定。

1 由于各个工程基础形状各异,测温点的设置难以统一,故选择具有代表性和可比性的测温点进行测温。竖向剖面可以是基础的整个剖面,也可以根据对称性选择半个剖面。

2 每个剖面的测温点由浇筑体表面以内 40mm～100mm 位置处的周边测温点和其之外的内部测温点组成。通常情况下,混凝土浇筑体最大温升发生在基础中部区域,选择竖向剖面交叉处进行测温,能够反映中部高温区域混凝土温度变化情况。在覆盖养护或带模养护阶段,覆盖保温层底部或模板内侧的测温点反映的是混凝土浇筑体的表面温度,用于计算混凝土温差。要求表面测温点与两个剖面上的周边测温点位置及数量对应,以便于合理计算混凝土温差。对于基础侧面采用砖等材料作为胎膜,且胎膜后用材料回填而保温有保证时,可与基础底部一样无需进行混凝土表面测温。环境测温点应距基础周边一定距离,并应保证该测温点不受基础温升影响。

3 每个剖面的周边及以内部位测温点上下、左右对齐,是为了反映相邻两处测温点温度变化的情况,便于对混凝土温差进行计算;测温点竖向、横向间距不应小于 0.4m 的要求,是为了合理反映两点之间的温差。

4 厚度不大于 1.6m 的基础底板,温升很容易根据绝热温升计算进行预估,通常可以根据工程施工经验来采取技术措施进行温差控制。因此,裂缝控制技术措施完善的工程可以不进行测温。

8.7.6 柱、墙、梁大体积混凝土浇筑通常可以在第一次混凝土浇筑中进行测温,并根据测温结果完善混凝土裂缝控制施工措施,在这种情况下后续工程可不用继续测温。对于柱、墙大体积混凝土的纵向,是指高度方向;对于梁大体积混凝土的纵向,是指跨度方向。环境测温点应距浇筑的结构边一定距离,以保证该测温点不受浇筑结构温升影响。

8.7.7 本条对混凝土测温提出了相应的要求,对大体积混凝土测温开始与结束时间及混凝土内外温差作了规定,要求每次测温都应形成报告。虽然混凝土裂缝控制要求在相应温差不大于25℃时可以停止覆盖养护,但考虑到天气变化对温差可能产生的影响,测温还应继续一段时间,故规定温差小于20℃时,才可停止测温。

8.7.8 本条对大体积混凝土测温频率作了规定。

8.8 钢管混凝土施工

8.8.1 钢管混凝土除满足设计强度外,对混凝土的工作性能要求较高,应通过试验确定混凝土的配合比。

8.8.2 本标准中所指的钢管是广义的,包括圆形钢管、方形钢管、矩形钢管、异形钢管等。钢管结构一般会采用2层一节或3层一节方式进行安装。由于浇筑的钢管高度较高,混凝土振捣受到限制,所以以往工程有采用高抛的浇筑方式。高抛浇筑的目的是为了利用混凝土的冲击力来达到自身密实的作用。由于施工技术的发展,自密实混凝土已普遍采用,所以可采用免振的自密实混凝土来解决振捣问题。由于混凝土材料与钢材的特性不同,钢管内浇筑的混凝土由收缩而与钢管内壁产生间隙难以避免,所以钢管混凝土应采取切实有效的技术措施来控制混凝土收缩,减少管壁与混凝土的间隙。采用聚羧酸类外加剂配制的混凝土,其收缩率会大幅减少,在施工中可根据实际情况加以选用。

8.8.3 由于钢管混凝土的质量检测目前准确度还不高,所以现场一般采用做实体试验的方法确定施工工艺。

8.8.4 在钢管适当位置留设排气孔,是保证混凝土浇筑密实的有效技术措施。混凝土从管顶向下浇筑时,钢管底部通常要求设置排气孔。排气孔的设置是为了防止初始混凝土下料过快而覆盖管径,造成钢管底部空气无法排除而采取的技术措施;其他适当部位排气孔设置,应根据工程实际确定。

8.8.5 在钢管内一般采用无配筋或少配筋的混凝土,因此,浇筑过程中受钢筋碰撞影响而产生混凝土离析的情况基本上可以避免。采用聚羧酸类外加剂配制的粗骨料最大粒径相对较小的自密实混凝土或高流态混凝土,其综合效果较好,可以兼顾混凝土收缩、混凝土振捣以及提高混凝土最大倾落高度。与自密实混凝土相比,高流态混凝土一般仍需进行辅助振捣。

8.8.6 从管顶向下浇筑混凝土类同于在模板中浇筑混凝土,在参照模板中浇筑混凝土方法的同时,应认真执行本条的技术要求。

在具备相应浇筑设备的条件下,从管底顶升浇筑混凝土也是可以采取的施工方法。在钢管底部设置的进料输送管,应能与混凝土输送泵管进行可靠的连接。止流阀门是为了在混凝土浇筑后及时关闭,以便拆除混凝土输送泵管。采用这种浇筑方式最重要的是过程控制,顶升或停止操作指令必须迅速、正确传达,不得有误,否则极易产生安全事故;采用目前常用的泵送设备以及通信联络方式进行顶升浇筑混凝土时,进行预演加强过程控制是确保安全施工的关键。

8.9 质量标准

8.9.1 施工质量检查是指施工单位为控制质量进行的检查,并非工程的验收检查。考虑到施工现场的实际情况,将混凝土结构施工质量检查划分为两类,对应于混凝土施工的两个阶段,即过程控制检查和拆模后的实体质量检查。过程控制检查包括技术复核和混凝土施工过程中为控制施工质量而进行的各项检查;拆模后的实体质量检查应及时进行,为了保证检查的真实性,检查时混凝土表面不应进行过处理和装饰。

8.9.2 对混凝土结构的施工质量进行检查,是检验结构质量是否满足设计要求并达到合格要求。为了达到这一目的,施工单位需要在不同阶段进行各种不同内容、不同类别的检查。各种检查随工程不同而有所差异,具体检查内容应根据工程实际作出要求。

1 提出了确定各项检查应当遵守的原则,即各种检查应根据质量控制的需要来确定检查的频率、时间、方法和参加检查的人员。

2 明确规定施工单位对所完成的施工部位或成果应全数进行质量自检,自检要求符合国家现行标准提出的要求。自检不同于验收检查,应全数检查,而验收检查可以是抽样检查。

3 要求作出记录和有图像资料,是为了使检查结果必要时可以追溯,以及明确检查责任。对于返工和修补的构件,记录的作用更加重要,要求有返工修补前后的记录。而图像资料能够直观反映质量情况,故对于返工和修补的构件提出此要求。

4 为了减少检查的工作量,对于已经隐蔽、不可直接观察和量测的内容,如插筋锚固长度、钢筋保护层厚度、预埋件锚筋长度与焊接等,如果已经进行过隐蔽工程验收且无异常情况,可仅检查隐蔽工程验收记录。

5 混凝土结构或构件的性能检验比较复杂,一般通过检验报告或专门的试验给出,在施工现场通常不进行检查。但有时施工现场出于某种原因,也可能需要对混凝土结构或构件的性能进行检查。当遇到这种情形时,应委托具备相应资质的单位,按照有关标准规定的方法进行,并出具检验报告。

8.9.3 为了保证所浇筑的混凝土符合设计和施工要求,本条规定了浇筑前应进行的质量检查工作,在确认无误后再进行混凝土浇筑。当坍落度大于 220mm 时,还应对扩展度进行检查。对于现场拌制的混凝土,应按相关规范要求检查水泥、砂石、掺合料、外加剂等原材料。

8.9.4 本条对混凝土结构的质量过程控制检查内容提出了要求。检查内容包括但不限于这些内容。当有更多检查内容和要求时,可由施工方案给出。

8.9.5 本条对混凝土结构拆模后的检查内容提出了要求。检查内容包括但不限于这些内容。当有更多检查内容和要求时,可由施工方案给出。

8.9.6 对混凝土结构质量进行的各种检查,尽管其目的、作用可能不同,但是检查方法基本一致。现行国家标准《混凝土结构工程施工质量验收规范》GB 50204 已经对主要检查方法作出了规定,故直接采取该标准的规定即可;当个别检查方法该标准未明确时,可参照其他相关标准执行。当没有相关标准可执行时,可由施工方案确定检查方法,以解决缺少检查方法、检查方法不明确等问题,但施工方案确定的检查方法应报监理单位批准后实施。

9 装配式结构工程

9.1 一般规定

9.1.1 装配式结构工程,应编制专项施工方案,并经监理单位审核批准,为整个施工过程提供指导。根据工程实际情况,装配式结构专项施工方案内容一般包括:预制构件生产、预制构件运输与堆放、现场预制构件的安装与连接、与其他有关分项工程的配合、施工质量要求和质量保证措施、施工过程的安全要求和安全保证措施、施工现场管理机构和质量管理措施等。

装配式混凝土结构深化设计应包括施工过程中脱模、堆放、运输、吊装等各种工况,并应考虑施工顺序及支撑拆除顺序的影响。装配式结构深化设计一般包括预制构件设计详图、构件模板图、构件配筋图、预埋件设计详图、构件连接构造详图及装配详图、施工工艺要求等。对采用标准预制构件的工程,也可根据有关的标准设计图集进行施工。装配式结构专业施工单位完成的深化设计文件,应经原设计单位认可。

9.1.3 对预制构件设置可靠标识,有利于在施工中发现质量问题并及时进行修补、更换。构件标识要考虑与构件装配图的对应性,如设计要求构件只能以某一特定朝向搬运,则需在构件上作出恰当标识;如有必要时,尚需通过约定标识表示构件在结构中的位置和方向。预制构件的保护范围包括构件自身及其预留预埋配件、建筑部件等。

9.2 施工验算

9.2.1 施工验算是装配式混凝土结构设计的重要环节,一般考虑构件脱模、翻转、运输、堆放、吊装、临时固定、节点连接以及预应力筋张拉或放张等施工全过程。装配式结构施工验算的主要内容为临时性结构以及预制构件、预埋吊件及预埋件、吊具、临时支撑等,本节仅规定了预制构件、预埋吊件、临时支撑的施工验算,其他施工验算可按国家现行相关标准的有关规定进行。装配式混凝土结构的施工验算除要考虑自重、预应力和施工荷载外,尚需考虑施工过程中的温差和混凝土收缩等不利影响。对于高空安装的预制结构,构件装配工况和临时支撑系统验算还需考虑风荷载的作用。对于预制构件作为临时施工阶段承托模板或支撑时,也需要进行相应工况的施工验算。

9.2.2 预制构件的施工验算应采用等效荷载标准值进行,等效荷载标准值由预制构件的自重乘以脱模吸附系数或动力系数后得到。脱模时,构件和模板间会产生吸附力,本标准通过引入脱模吸附系数来考虑吸附力。脱模吸附系数与构件和模具表面状况有很大关系,但为简化和统一,基于国内施工经验,本标准将脱模吸附系数取为1.5,并规定可根据构件和模具表面状况适当增减。复杂情况的脱模吸附系数,还需要通过试验来确定。根据不同的施工状态,动力系数取值也不一样,本标准给出了一般情况下的动力系数取值规定。计算时,脱模吸附系数和动力系数是独立考虑的,不进行连乘。

9.3 构件制作

9.3.2 模具是专门用来生产预制构件的各种模板系统,可为固定在构件生产场地的固定模具,也可为方便移动的模具。定型钢模生产的预制构件质量较好,在条件允许的情况下,建议尽量采用;对于形状复杂、数量少的构件,也可采用木模或其他材料制作。清水混凝土预制构件,建议采用精度较高的模具制作。预制构件预留孔设施、插筋、预埋吊件及其他预埋件要可靠地固定在模具上,并避免在浇筑混凝土过程中产生移位。对于跨度较大的预制构件,如设计提出反拱要求,则模具需根据设计要求设置反拱。

9.3.5 反打一次成型是将面砖先铺放于模板内,然后直接在面砖上浇灌混凝土,用振捣器振捣成型。在带饰面的预制构件制作的反打一次成型,系指将面砖先铺放于模板内,然后直接在面砖上浇筑混凝土,用振动器振捣成型的工艺。采用反打一次成型工艺,取消了砂浆层,使混凝土直接与面砖背面凹槽粘结,从而有效提高了二者之间的粘接强度,避免了面砖脱落引发的不安全因素及给修复工作带来的不便,而且可做到饰面平整、光洁,砖缝清晰、平直,整体效果较好。饰面一般为面砖或石材,面砖背面宜带有燕尾槽,石材背面应做涂覆防水处理,并宜采用不锈钢卡件与混凝土进行机械连接。

9.3.6 有保温要求的预制构件,保温材料的性能需符合设计要求,主要性能指标为吸水率和热工性能。水平浇筑方式有利于保温材料在预制构件中的定位。如采用竖直浇筑方式成型,保温材料可在浇筑前放置并固定。

采用夹心保温构造时,需要采取措施保证保温材料外的两层混凝土可靠连接,专用连接件或钢筋楠架是常用的两种措施。部分有机材料制成的专用连接件热工性能较好,可以完全达到热工"断桥",而钢筋椅架只能做到部分"断桥"。连接措施的数量和位置需要进行专项设计,专用连接件可根据使用手册的规定直接选用。必要时,在构件制作前应进行专项试验,检验连接措施的定位和锚固性能。

9.3.10 预制构件脱模起吊时,混凝土应具有足够的强度,并根据本标准的有关规定进行施工验算。实践中,预先留设混凝土立方体试件,与预制构件同条件养护,并用该同条件养护试件的强度作为预制构件混凝土强度控制的依据。施工验算应考虑脱模方法(平放竖直起吊、单边起吊、倾斜或旋转后竖直起吊等)和预埋吊件的验算,需要时应进行必要调整。

9.3.11 本条规定主要适用需要通过现浇混凝土或砂浆进行连接的预制构件结合面。拉毛或凿毛的具体要求应符合设计文件及相关标准的有关规定。露骨料粗糙面的施工工艺主要有两种:在需要露骨料部位的模板表面涂刷适量的缓凝剂;在混凝土初凝或脱模后,采用高压水枪、人工喷水加手刷等措施冲洗掉未凝结的水泥砂浆。当设计要求预制构件表面不需要进行粗糙处理时,可按设计要求执行。

9.4 运输与存放

9.4.1 预制构件运输与堆放时,如支承位置设置不当,可能造成构件开裂等缺陷。支承点位置应根据本标准第 9.2 节的有关规定进行计算、复核。按标准图生产的构件,支承点应按标准图设置。

9.4.2 本条规定主要是为了保护堆放中的预制构件。当垫木放置位置与脱模、吊装的起吊位置一致时,可不再单独进行使用验算;否则,需根据堆放条件进行验算。堆垛的安全、稳定特别重要,在构件生产企业及施工现场均应特别注意。预应力构件均有一定的反拱,长期堆放时反拱还会随时间增长。堆放时,应考虑反拱因素的影响。

9.4.3 本条规定主要是为了运输安全和保护预制构件。道路、桥梁的实际条件包括荷重限值及限高、限宽、转弯半径等,运输线路制定还要考虑交通管理方面的相关规定。构件运输时同样应满足本标准关于堆放的有关规定。

9.4.4 插放架、靠放架应安全可靠,满足强度、刚度及稳定性的要求。如受运输路线等因素限制而无法直立运输时,也可平放运输,但需采取保护措施,如在运输车上放置使构件均匀受力的平台等。

9.5 安装与连接

9.5.1 装配式结构的安装施工流水作业很重要,科学的组织,有利于质量、安全和工期。预制构件应按设计文件、专项施工方案要求的顺序进行安装与连接。

9.5.2 考虑到预制构件与其支承构件不平整,如直接接触或出现集中受力的现象,设置坐浆或垫片有利于均匀受力,另外,也可以在一定范围内调整构件的高程。垫片一般为铁片或橡胶片,其尺寸按现行国家标准《混凝土结构设计规范》GB 50010 的局部受压承载力要求确定。对叠合板、叠合梁等的支座,可不设置坐浆或垫片,其竖向位置可通过临时支撑加以调整。

9.5.3 临时固定措施是装配式结构安装过程承受施工荷载,保证构件定位的有效措施。临时固定措施可以在不影响结构承载力、刚度及稳定性前提下分阶段拆除,对拆除方法、时间及顺序,可事先通过验算制定方案。临时支撑及其连接件、预埋件的设计计算,应符合本标准的有关规定。

9.5.6 装配式结构连接施工的浇筑用材料主要为混凝土、砂浆、水泥浆及其他复合成分的灌浆料等,不同材料的强度等级值应按相关标准的规定进行确定。对于混凝土、砂浆,可采用留置同条件试块或其他实体强度检测方法确定强度。连接处可能有不同强度等级的多个预制构件,确定浇筑用材料的强度等级值时按此处不同构件强度设计等级值的较大值即可,如梁柱节点一般柱的强度较高,可按柱的强度确定浇筑用材料的强度。当设计通过设计计算提出专门要求时,浇筑用材料的强度也可采用其他强度。

可采用微型振捣棒等措施保证混凝土或砂浆浇筑密实。

9.5.7 本条规定采用焊接或螺栓连接构件时的施工技术要求，可参考现行国家标准《钢结构工程施工质量验收规范》GB 50205、现行行业标准《建筑钢结构焊接技术规程》JGJ 81、《钢结构高强度螺栓连接的设计、施工及验收规程》JGJ 82 的规定执行。当采用焊接连接时，可能产生的损伤主要为预制构件、已施工完成结构开裂和橡胶支垫、镀钚铁件等配件损坏。

施工前，须对灌浆料的强度、微膨胀性、流动度等指标进行检测；每一规格的灌浆套筒接头和灌浆过程中同一规格的每 500 个接头，应分别进行灌浆套筒连接接头抗拉强度的工艺试验抽检。

9.5.8 装配式结构构件间钢筋的连接方式，主要有焊接、机械连接、搭接及套筒灌浆连接等。其中，前三种为常用的连接方式，可按本标准及现行行业标准《钢筋焊接及验收规程》JGJ 18、《钢筋机械连接技术规程》JGJ 107 等的有关规定执行。钢筋套筒灌浆连接是用高强、快硬的无收缩浆填充在钢筋与专用套筒连接件之间，砂浆凝固硬化后形成钢筋接头的钢筋连接施工方式。套筒灌浆连接的整体性较好，其产品选用、施工操作和验收需遵守相关标准的规定。

9.6 质量标准

本节各条根据装配式结构工程施工的特点，提出了预制构件制作、运输与堆放、安装与连接等过程中的质量检查要求。具体如下：

1 模具质量检查主要包括外观和尺寸偏差检查。

2 预制构件制作过程中的质量检查，除应符合现浇结构要求外，尚应包括预埋吊件、复合墙板夹心保温层及连接件、门窗框和预埋管线等检查。

3 预制构件的质量检查为构件出厂前（场内生产的预制构

件为工序交接前）进行，主要包括混凝土强度、标识、外观质量及尺寸偏差、预埋预留设施质量及结构性能检验情况，应根据现行国家标准《混凝土结构工程施工质量验收规范》GB 50204 的相关规定进行检查。预制构件的结构性能检验应按批进行，对于部分大型构件或生产较少的构件，当采取加强材料和制作质量检验的措施时，也可不作结构性能检验，具体的结构性能检验要求也可根据工程合同约定。

4 预制构件起吊、运输的质量检查，包括吊具和起重设备、运输线路、运输车辆、预制构件的固定保护等检查；预制构件堆放的质量检查包括堆放场地、垫木或垫块、堆垛层数、稳定措施等检查。

5 预制构件安装前的质量检查，包括已施工完成结构质量、预制构件质量复核、安装定位标识、结合面检查、吊具及现场吊装设备等检查。

6 预制构件安装连接的质量检查，包括预制构件的位置及尺寸偏差、临时固定措施、连接处现浇混凝土或砂浆质量、连接处钢筋连接及锚板等其他连接质量的检查。

10 冬期、高温与雨期施工

10.1 冬期施工

10.1.1 冬期施工中的冬期界限划分原则,在各个国家的规范中都有规定。多年来,我国和多数国家均以"室外日平均气温连续5d稳定低于5℃"为冬期划分界限,其中"连续5d稳定低于5℃"的说法是依气象部门术语引进的,且气象部门可提供这方面的资料。本标准仍以5℃作为进入或退出冬期施工的界限。我国的气候属于大陆性季风型气候,在秋末冬初和冬末春初时节,常有寒流突袭,气温骤降5℃～10℃的现象经常发生,此时会在一两天之内最低气温突然降至0℃以下,寒流过后气温又恢复正常。因此,为防止短期内的寒流袭击造成新浇筑的混凝土发生冻结损伤,特规定当气温骤降至0℃以下时,混凝土应按冬期施工要求采取应急防护措施。

10.1.2 冬期施工配制混凝土,应考虑水泥对混凝土早期强度、抗渗、抗冻等性能的影响。矿渣硅酸盐水泥、火山灰质硅酸盐水泥、粉煤灰硅酸盐水泥和复合硅酸盐水泥中均含有20%～70%不等的混合材料。这些混合材料性质千差万别,质量各不相同,水泥水化速率也不尽相同。因此,为提高混凝土早期强度增长率,以便尽快达到受冻临界强度,冬期施工宜优先选用硅酸盐水泥或普通硅酸盐水泥。使用其他品种硅酸盐水泥时,需通过试验确定混凝土在负温下的强度发展规律、抗渗性能等是否满足工程设计和施工进度的要求。研究表明,矿渣水泥经过蒸养后的最终强度比标养强度能提高15%左右,具有较好的蒸养适应性,故提出蒸汽养护的情况下宜使用矿渣硅酸盐水泥。

10.1.3 混凝土受冻临界强度是指冬期浇筑的混凝土在受冻以前不致引起冻害，必须达到的最低强度，是负温混凝土冬期施工中的重要技术指标。在达到此强度之后，混凝土即使受冻也不会对后期强度及性能产生影响。我国冬期施工，学术与施工界在近30年的科学研究与工程实践过程中，按气温条件、混凝土性质等确定出混凝土的受冻临界强度控制值。

1 采用蓄热法、暖棚法、加热法等方法施工的混凝土，一般不掺入早强剂或防冻剂，即所谓的普通混凝土，其受冻临界强度按原《建筑工程冬期施工规程》JGJ 104 中规定的 30％和 40％采用，经多年实践证明，是安全可靠的。暖棚法、加热法养护的混凝土也存在受冻临界强度，当其没有达到受冻临界强度之前，保温层或暖棚的拆除、电器或蒸汽的停止加热都有可能造成混凝土受冻。因此，将采用这三种方法施工的混凝土归为一类进行受冻临界强度的规定，是考虑到混凝土性质类似。混凝土在达到受冻临界强度后，方可拆除保温层，或拆除暖棚，或停止通蒸汽加热，或停止通电加热。同时，也可达到节能、节材的目的，即采用蓄热法、暖棚法、加热法养护的混凝土，在达到受冻临界强度后即可停止保温，或停止加热，从而降低工程造价，减少不必要的能源浪费。

2 采用综合蓄热法、负温养护法施工的混凝土，在混凝土配制中掺入了早强剂或防冻剂，混凝土液相拌合水结冰时的冰晶形态发生畸变，对混凝土产生的冻胀破坏力减弱。根据 20 世纪 80 年代的研究以及多年的工程实践结果表明，采用综合蓄热法和负温养护法（防冻剂法）施工的混凝土，其受冻临界强度值按气温界限进行划分是合理的。因此，仍遵循现行行业标准《建筑工程冬期施工规程》JGJ/T 104 的有关规定。

3 根据黑龙江省寒地建筑科学研究院以及国内部分大专院校的研究表明，强度等级为 C50 及 C50 级以上混凝土的受冻临界强度一般在混凝土设计强度等级值的 21％～34％之间。鉴于高强度混凝土多作为结构的主要受力构件,其受冻对结构的安全影响重大,因此,将 C50 及 C50 级以上的混凝土受冻临界强度确定为不宜小于 30%。

4 负温混凝土可以通过增加水泥用量、降低用水量、掺加外加剂等措施来提高强度,虽然受冻后可保证强度达到设计要求,但由于其内部因冻结会产生大量缺陷,如微裂缝、孔隙等,造成混凝土抗渗性能大量降低。黑龙江省寒地建筑科学研究院科研数据表明,掺早强型防冻剂的 C20、C30 混凝土强度分别达到 10MPa、15MPa 后受冻,其抗渗等级可达到 P6;掺防冻型防冻剂时,抗渗等级可达到 P8。经折算,混凝土受冻前的抗压强度达到设计强度等级值的 50%。一般工业与民用建筑的设计抗渗等级多为 P6～P8。因此,规定有抗渗要求的混凝土受冻临界强度不宜小于设计混凝土强度等级值的 50%,是保证有抗渗要求混凝土工程冬期施工质量和结构耐久性的重要技术要求。

5 对于有抗冻融要求的混凝土结构,例如建筑中的水池、水塔等,使用中将与水直接接触,混凝土中的含水率极易达到饱和临界值,受冻环境较严峻,很容易破坏。冬期施工中,确定合理的受冻临界强度值将直接关系到有抗冻要求混凝土的施工质量是否满足设计年限与耐久性。国际建研联 RILEM (39-BH) 委员会在《混凝土冬季施工国际建议》中规定"对于有抗冻要求的混凝土,考虑耐久性时不得小于设计强度的 30%～50%";美国 ACI306 委员会在《混凝土冬季施工建议》中规定"对有抗冻要求的掺引气剂混凝土为设计强度的 60%～80%",俄罗斯国家建筑标准与规范(СНиП3.03.01)中规定"在使用期间遭受冻融的构件,不小于设计强度的 70%";我国行业标准《水工建筑物抗冰冻设计规范》SL 211—2006 规定"在受冻期间可能有外来水分时,大体积混凝土和钢筋混凝土均不应低于设计强度等级的 85%"。综合分析这类结构的工作条件和特点,并参考国内外有关规范,确定了有抗冻耐久性要求的混凝土,其受冻临界强度值不宜小于设计强度值 70％的规定,用以指导此类工程建设,保证工程质量。

10.1.7 地基、模板与钢筋上的冰雪在未清除的情况下进行混凝土浇筑,会对混凝土表现质量以及钢筋粘结力产生严重影响。混凝土直接浇筑于冷钢筋上,容易在混凝土与钢筋之间形成冰膜,导致钢筋粘结力下降。因此,在混凝土浇筑前,应对钢筋及模板进行覆盖保温。

10.1.10 冬期施工,应重点加强对混凝土在负温下的养护,考虑到冬期施工养护方法分为加热法和非加热法,种类较多,操作工艺与质量控制措施不尽相同,而对能源的消耗也有所区别,因此,根据气温条件、结构形式、进度计划等因素选择适宜的养护方法,不仅能保证混凝土工程质量,同时也会有效地降低工程造价,提高建设效率。采用综合蓄热法养护的混凝土,可执行较低的受冻临界强度值;混凝土中掺入适量的减水、引气以及早强剂或早强型外加剂,也可有效地提高混凝土的早期强度增长速度;同时,可取消混凝土外部加热措施,减少能源消耗,有利于节能、节材,是目前最为广泛应用的冬期施工方。

鉴于现代混凝土对耐久性要求越来越高,无机盐类防冻剂中多含有大量碱金属离子,会对混凝土的耐久性产生不利影响,因此,将负温养护法(防冻剂法)应用范围规定为一般混凝土结构工程,对于重要结构工程或部位,仍推荐采用其他养护法进行。

混凝土中掺入引气剂,是提高混凝土结构耐久性的一个重要技术手段,在国内外已形成共识。而在负温混凝土中掺入引气剂,不但可以提高耐久性,同时也可以在混凝土未达到受冻临界强度之前有效抵消拌和水结冰时产生的冻结应力,减少混凝土内部结构损伤。

骨料由于含水在负温下冻结形成尺寸不同的冻块,若在没有完全融化时投入搅拌机中,搅拌过程中骨料冻块很难完全融化,将会影响混凝土质量。因此,骨料在使用前应事先运至保温棚内存放,或在使用前使用蒸汽管或蒸汽排管等进行加热,融化冻块。

10.1.12 冬期施工混凝土配合比的确定尤为重要,不同的养护方法、不同的防冻剂、不同的气温都会影响配合比参数的选择。因此,在配合比设计中要依据施工参数、要素进行全面考虑,但和常温要求的原则还是一样,即尽可能降低混凝土的用水量,减小水胶比,在满足施工工艺条件下,减小坍落度,降低混凝土内部的自由水结冰率。

10.1.14 分层浇筑混凝土时,特别是浇筑工作面较大时,会造成新拌混凝土热量损失加速,降低了混凝土的早期蓄热。因此,规定分层浇筑时,适当加大分层厚度,分层厚度不应小于400mm;同时,应加快浇筑速度,防止下层混凝土在覆盖前受冻。

10.1.15 冬期施工中,由于边、棱角等突出部位以及薄壁结构等表面系数较大,散热快,不易进行保温,若管理不善,经常会造成局部混凝土受冻,形成质量缺陷。因此,对结构的边、棱角及易受冻部位采取保温层加倍的措施,可以有效地避免混凝土局部产生受冻,影响工程质量。

10.1.17 拆除模板后,混凝土立即暴露在大气环境中,降温速率过快或者与环境温差较大,会使混凝土产生温度裂缝。对于达到拆模强度而未达到受冻临界强度的混凝土结构,应采取保温材料继续进行养护。

10.1.18 冬期施工中,对负温混凝土强度的监测,不宜采用回弹法。目前较为常用的方法为留置同条件养护试件和采用成熟度法进行推算。本条规定了同条件养护试件的留置数量,用于施工期间监测混凝土受冻临界强度、拆模或拆除支架时强度,确保负温混凝土施工安全与施工质量。

10.2 高温施工

10.2.1 高温施工时,原材料温度对混凝土配合比、混凝土出机温度、入模温度以及混凝土拌合物性能等影响很大,因此,应采取必要措施确保原材料降低温度,以满足高温施工的要求。

10.3 雨期施工

10.3.1 现场储存的水泥和掺合料应采用仓库、料棚存放或加盖覆盖物等防水和防潮措施。当粗、细骨料淋雨后含水率变化时,应及时调整混凝土配合比。现场可采取快速"炒干法"将粗、细骨料炒至饱和面干,测其含水率变化,按含水率变化值计算后相应增加粗、细骨料重量或减少用水量,调整配合比。

10.3.3 混凝土浇筑作业面较广,设备移动量大,雨天施工危险性较大,必须严格进行三级保护,接地接零检查及维修按现行行业标准《施工现场临时用电安全技术规范》JGJ 46 的有关规定执行。当模板及支架的金属构件在相邻建筑物(构筑物)及现场设置的防雷装置接闪器的保护范围以外时,应按现行行业标准《施工现场临时用电安全技术规范》JGJ 46 的规定对模板及支架的金属构件安装防雷接地装置。

10.3.4 混凝土浇筑前,应及时了解天气情况,小雨、中雨尽可能不要进行混凝土露天浇筑施工,且不应开始大面积作业面的混凝土露天浇筑施工。当必须施工时,应当采取基槽或模板内排水、砂石材料覆盖、混凝土搅拌和运输设备防雨、浇筑作业面防雨覆盖等措施。

10.3.5 雨后地基土沉降现象相当普遍,特别是回填土、粉砂土、湿陷性黄土等。除对地基土进行压实、地基土面层处理及设置排水设施外,应在模板及支架上设置沉降观测点,雨后及时对模板及支架进行沉降观测和检查,沉降超过标准时,应采取补救措施。

10.3.7 补救措施可采用补充水泥砂浆、铲除表层混凝土、插短钢筋等方法。

10.3.10 临时加固措施包括将支架或模板与已浇筑并有一定强度的竖向构件进行拉结,增加缆风绳、抛撑、剪刀撑等。

11 安全控制

11.0.8 本条所谓登高作业,按现行国家标准《高处作业分级》GB/T 3608 的规定,凡高度在 2m 及以上,就应注意防止坠物伤人。

11.0.11 本条强调模板装拆时,上下应有人接应,模板及配件应随装拆随转运,不得堆放在脚手板上,因模板堆放在脚手架上,可能引起脚手架超载危及脚手架安全,同时模板及其配件受振动容易滑落伤人。

11.0.12 拆除承重模板时,操作人员应站在安全地点,必须逐块拆除,严禁架空猛撬、硬拉或大面积撬落和拉倒。

11.0.20 常规覆盖物包括草袋、油毡等。

12　环境保护

12.1.1　施工环境保护计划包括环境因素分析、控制原则、控制措施、组织机构与运行管理、应急准备和响应、检查和纠正措施、文件管理、施工用地保护和生态复原等内容。应对施工环境保护计划的执行情况和实施效果由施工项目部进行自评估。

12.1.2　对施工过程中产生的建筑垃圾进行分类,区分可循环使用和不可循环使用的材料,促进资源节约和循环利用。对建筑垃圾进行数量或重量统计,进一步掌握废弃物来源,为制定建筑垃圾减量化和循环利用方案提供基础数据。

12.1.5　钢筋加工、混凝土拌制、振捣等施工作业在施工场界的允许噪声级:昼间应为 70dB(A 声级),夜间应为 55dB(A 声级)。

12.1.8　目前,脱模剂大多数是矿物油基的反应型脱模剂。这类脱模剂由不可再生资源制成,不可生物降解,并可向空气中释放出具有挥发性的有机物,剩余的脱模剂及其包装等需由厂家或者有资质的单位回收处理,不能与普通垃圾混放。随着环保意识的增强和脱模剂相关产品的创新与发展,出现了环保型脱模剂,其成分对环境不会产生污染。对于这类脱模剂,可不要求厂家或者有资质的单位回收处理。

12.1.9　目前市场存在着采用污染性较大甚至有毒的原材料生产的外加剂、养护剂,不仅在建筑施工时,而且在建筑使用时都可能危害环境和人身健康,如部分早强剂、防冻剂中含有有毒的重铬酸盐、亚硝酸盐,致使洗刷混凝土搅拌机后排出的水污染周围环境。又如掺入以尿素为主要成分的防冻剂的混凝土,在混凝土硬化后和建筑物使用中会有氨气逸出,污染环境,危害人身健康。

12.1.11　施工单位依据规定处置建筑垃圾,将不可循环使用的建筑垃圾集中收集,并及时清运至指定地点。建筑垃圾的回收利用,包括在施工阶段对边角废料在本工程中的直接利用,如利用短的钢筋头制作楼板钢筋的上铁支撑、地锚拉环等,利用剩余混凝土浇筑构造柱、女儿墙、后浇带预制盖板等小型构件等;还包括在其他工程中的利用,如建筑垃圾中的碎砂石块用于其他工程中作为路基材料、地基处理材料、再生混凝土中的骨料等。

附录 A 作用在模板及支架上的荷载标准值

A.0.2 本条提出了混凝土自重标准值的规定,具体规定同原国家标准《混凝土结构工程施工及验收规范》GB 50204－92(以下简称 GB 50204－92 规范)。工程中,单位体积混凝土重量有大的变化时,可根据实测单位体积重量进行调整。

A.0.4 本条对施工人员及施工设备荷载标准值作出规定。作用在模板与支架上的施工人员及施工设备荷载标准值的取值,GB 50204－92 规范中规定:计算模板及支承模板的小楞时均布荷载为 2.5kN/时,并以 2.5kN 的集中荷载进行校核,取较大弯矩值进行设计;对于直接支架小楞的构件取均布荷载为 1.5kN/m²;而当计算支架立柱时为 1.0kN/m²。该条文中集中荷载的规定主要沿用了我国 20 世纪 60 年代编写的国家标准《钢筋混凝土工程施工及验收规范》GBJ 10－65 附录一的普通模板设计计算参考资料的规定,除考虑均布荷载外,还考虑了双轮手推车运输混凝土的轮子压力 250kg 的集中荷载。GB 50204－92 规范还综合考虑了模板支架计算的荷载由上至下传递的分散均摊作用,由于施工过程中不均匀堆载等施工荷载的不确定性,造成施工人员计算荷载的不确定性更大,加之局部荷载作用下荷载的扩散作用缺乏足够的统计数据,在支架立柱设计中存在荷载取值偏小的不安全因素。

由于施工现场中的材料堆放和施工人员荷载具有随意性,且往往材料堆积越多的地方人员越密集,产生的局部荷载不可忽视。东南大学和中国建筑科学研究院合作,在 2009 年初通过现场模拟楼板浇筑时的施工活荷载分布扩散和传递测试试验,证明了在局部荷载作用的区域内的模板支架立杆承受了约 90% 的荷载,相邻的立杆承担相当少的荷载,受荷区外的立柱几乎不受影响。综上,本条规定在计算模板、小楞、支承小楞构件和支架立杆时采用相同的荷载取值 2.5kN/m²。

A.0.5 本条对混凝土侧压力标准值的计算进行了规定。对于新浇混凝土的侧压力计算,GB 50204-92 规范的公式是基于坍落度为 60mm~90mm 的混凝土,以流体静压力原理为基础,将以往的测试数据规格化为混凝土浇筑温度为 20℃下按最小二乘法进行回归分析推导得到的,并且浇筑速度限定在 6m/h 以下。本标准给出的计算公式以 GB 50204-92 规范的计算公式按坍落度 150mm 左右作为基础,并将东南大学补充的新浇混凝土侧压力测试数据和上海电力建设有限责任公司的测试数据重新进行规格化,修正了 GB 50204-92 规范的公式,并将浇筑速度限定在 10m/h 以下。修正时,针对如今在混凝土中普遍添加外加剂的实际状况,省略了原品的外加剂影响修正系数,把它统一考虑在计算公式中,用一个坍落度调整系数 β 作修正。GB 50204-92 规范公式在浇筑速度较大时计算值较大,所以本标准修正调整时把公式计算值略降了些,对浇筑速度小的时候影响较小。对浇筑速度限定为在 10m/h 以下,这是对比参考了国外的规范而作出的规定。

施工中,当浇筑小截面柱子等,浇筑速度通常在 10m/h~20m/h;混凝土墙浇筑速度常在 3m/h~10m/h。对于分层浇筑次数少的柱子模板或浇筑流动度特别大的自密实混凝土板,可直接采用 $\gamma_c H$ 计算新浇混凝土侧压力。

A.0.6 当从模板底部开始浇筑竖向混凝土构件时,其混凝土侧压力在原有 $\gamma_c H$ 的基础上,还会因倾倒混凝土加大,故本条参考 GB 50204-92 规范、美国规范 ACI 347 的相关规定,提出了混凝土下料产生的水平荷载标准值。本条未考虑振捣混凝土的荷载项,主要原因为:GB 50204-92 规范中规定了振捣混凝土时产生的荷载,对水平面模板可采用 2kN/m²;对竖向面模板可采用 4kN/时,并作用在混凝土有效压头范围内;对于倾倒混凝土在竖向面模板上产生的水平荷载 $2kN/m^2 \sim 6kN/m^2$ 时,也作用在混凝土有效压头范围内。对于振捣混凝土产生的荷载项,国家标准《钢筋混凝土工程施工及验收规范》GBJ 10-65 规定为只在没有施工荷载时(如梁的底模板)才有此项荷载,其值为 $100kg/m^2$。

A. 0. 7 本条规定了附加水平荷载项。未预见因素产生的附加水平荷载是新增荷载项,是考虑施工中的泵送混凝土和浇筑斜面混凝土等未预见因素产生的附加水平荷载。美国 ACI 347 规范规定了泵送混凝土和浇筑斜面混凝土等产生的水平荷载取竖向永久荷载的 2%,并以线荷载形式作用在模板支架的上边缘水平方向上;或直接以不小于 1.5kN/m 的线荷载作用在模板支架上边缘的水平方向上进行计算。日本也规定有相应的该荷载项。该荷载项主要用于支架结构的整体稳定验算。

A. 0. 10 本条规定水平风荷载标准值根据现行国家标准《建筑结构荷载规范》GB 50009 的有关规定确定。考虑到模板及支架为临时性结构,确定风荷载标准值时的基本风压可采用较短的重现期,本标准取为 10 年。基本风压是根据当地气象台站历年来的最大风速记录,按基本风压的标准要求换算得到的,对于不同地区取不同的数值。本条规定了基本风压的最小值 $0.20kN/m^2$。对风荷载比较敏感或自重较轻的模板及支架,可取用较长重现期的基本风压进行计算。

附录 D 纵向受力钢筋的最小搭接长度

D.0.1～D.0.2 根据国家标准《混凝土结构设计规范》GB 50010－2010 的规定,绑扎搭接受力钢筋的最小搭接长度应根据钢筋及混凝土的强度经计算确定,并根据搭接钢筋接头面积百分率等进行修正。当接头面积百分率为 25%～100% 的中间值时,修正系数按 25%～50%、50%～100% 两段分别内插取值。

D.0.3 本条提出了纵向受拉钢筋最小搭接长度的修正方法以及受拉钢筋搭接长度的最低限值。对末端采用机械锚固措施的带肋钢筋,常用的钢筋机械锚固措施为钢筋贴焊、锚固板端焊、锚固板螺纹连接等形式;如末端机械锚固钢筋按本标准规定折减锚固长度,机械锚固措施的配套材料、钢筋加工及现场施工操作应符合现行国家标准《混凝土结构设计规范》GB 50010 及相关标准的有关规定。

D.0.4 有些施工工艺,如滑模施工,对混凝土凝固过程中的受力钢筋产生扰动影响,因此,其最小搭接长度应相应增加。本条给出了确定纵向受压钢筋搭接时最小搭接长度的方法以及受压钢筋搭接长度的最低限值。

附录 E 预应力筋张拉伸长值计算和量测方法

E.0.1 对目前工程常用的高强低松弛钢丝和钢绞线,其应力比例极限(弹性范围)可达到 $0.8f_p$ 左右,而规范规定预应力筋张拉控制应力不得大于 $0.8f_p$,因此,预应力筋张拉伸长值可根据预应力筋应力分布并按胡克定律计算。预应力筋的张拉伸长值可采用积分的方法精确计算。但在工程应用中,常假定一段预应力筋上的有效预应力为线性分布,从而可以推导得到一端张拉的单段曲线或直线预应力筋张拉伸长值计算简化公式(E.0.1)。

工程实例分析表明,按简化公式和积分方法计算得到的结果相差仅为 0.5% 左右,因此,简化公式可满足工程精度要求。值得注意的是,对于大量应用的后张法钢绞线有粘结预应力体系,在张拉端锚口区域存在锚口摩擦损失,因此,在伸长值计算中,应扣除锚口摩擦损失。行业标准《预应力筋用锚具、夹具和连接器应用技术规程》JGJ 85—2010 给出了锚口摩擦损失的测试方法,并规定锚口摩擦损失率不应大于 6%。

E.0.2 建筑结构工程中的预应力筋一般采用由直线和抛物线组合而成的线形,可根据扣除摩擦损失后的预应力筋有效应力分布,采用分段叠加法计算其张拉伸长值,而摩擦损失可按现行国家标准《混凝土结构设计规范》GB 50010 的有关规定进行计算。对于多跨多波段曲线预应力筋,可采用分段分析其摩擦损失。

E.0.3 预应力筋在张拉前处于松弛状态,初始张拉时,千斤顶油缸会有一段空行程,在此段行程内预应力筋的张拉伸长值为零,需要把这段空行程从张拉伸长值的实测值中扣除。为此,预应力筋伸长值需要在建立初拉力后开始测量,并可根据张拉力与伸长值成正比的关系来计算实际张拉伸长值。张拉伸长值量测方法有两种:一是,量测千斤顶油缸行程,所量测数值包含了千斤顶体内的预应力筋张拉伸长值和张拉过程中工具锚和固定端工作锚模紧引起的预应力筋内缩值,必要时应将锚具模紧对预应力筋伸长值的影响扣除;二是,当采用后卡式千斤顶张拉钢绞线时,可采用量测外露预应力筋端头的方法确定张拉伸长值。

附录 F 张拉阶段摩擦预应力损失测试方法

F.0.1 张拉阶段摩擦预应力损失可采用应变法、压力差法和张拉伸长值推算法等方法进行测试。压力差法是在主动端和被动端各装一个压力传感器(或千斤顶),通过测出主动端和被动端的力来反演摩擦系数,压力差法设备安装和数据处理相对简便,施工规范采纳的即为此方法。而且压力差实测值也可以为施工中调整张拉控制应力提供参考。由于压力差法的预应力筋两端都要装传感器或千斤顶,因此,对于采用埋人式固定端的情况不适用。

F.0.2 在实际工程中,每束预应力筋的摩擦系数 κ、μ 值是波动的。因此,分别选择两束的测试数据解联立方程求出 κ、μ 是不可行的。工程上最为常用的是采用假定系数法来确定摩擦系数,而且一般先根据直线束测试或直接取设计值来确定 κ 后,再根据预应力筋几何线形参数及张拉端和锚固端的压力测试结果来计算确定 μ。当然,也可按设计值确定 μ 后,再推算确定 κ。另外,如果测试数据量较大,且束形参数有一定差异时,也可采用最小二乘法回归确定孔道摩擦系数。